Raoul LAUNOIS

LE CHATEAU ET LES ECURIES DU DOMAINE DE NONANT-LE-PIN *(Orne)*

UNE

Grande Ferme d'Elevage

EN NORMANDIE

F. PAILLART
IMPRIMEUR-ÉDITEUR
ABBEVILLE

Le Domaine de Nonant-le-Pin (Orne)

THÈSE AGRICOLE

Soutenue en 1903

A L'INSTITUT AGRICOLE DE BEAUVAIS

DEVANT

MM. les Délégués de la Société des Agriculteurs de France

PAR

Raoul LAUNOIS

F. PAILLART

IMPRIMEUR-ÉDITEUR

ABBEVILLE

CARTE

DE NONANT-LE-PIN (O

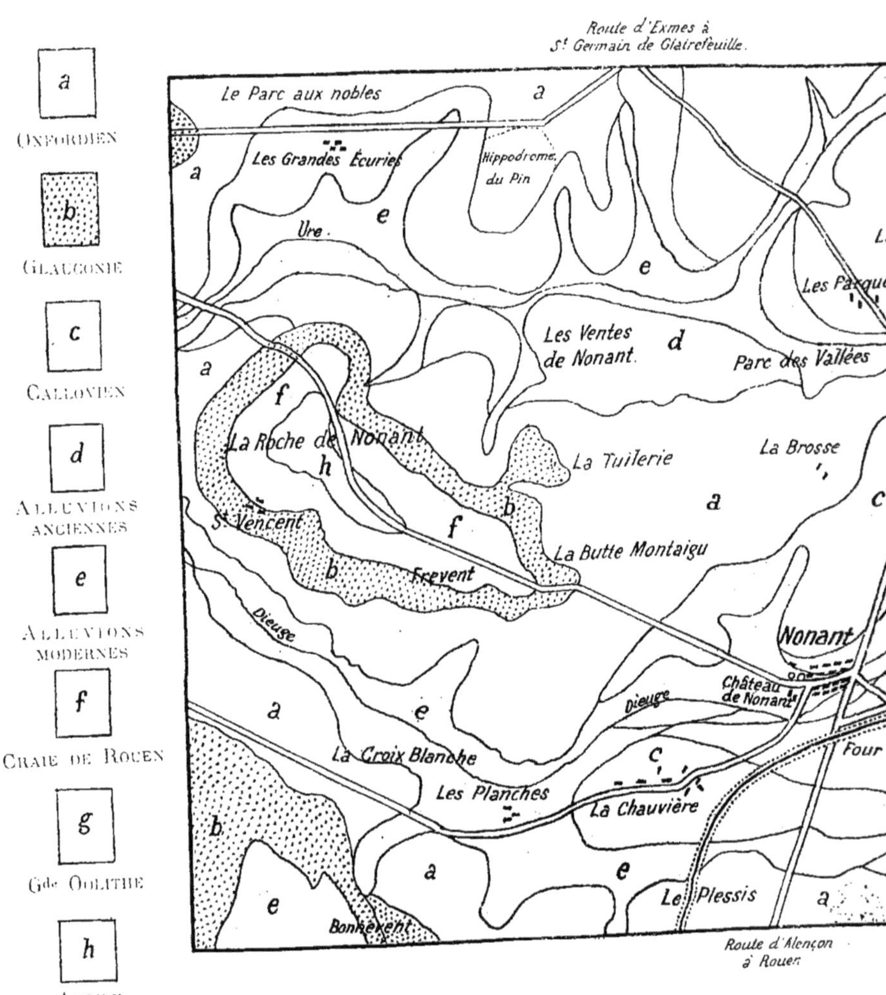

)GIQUE

T DE SES ENVIRONS

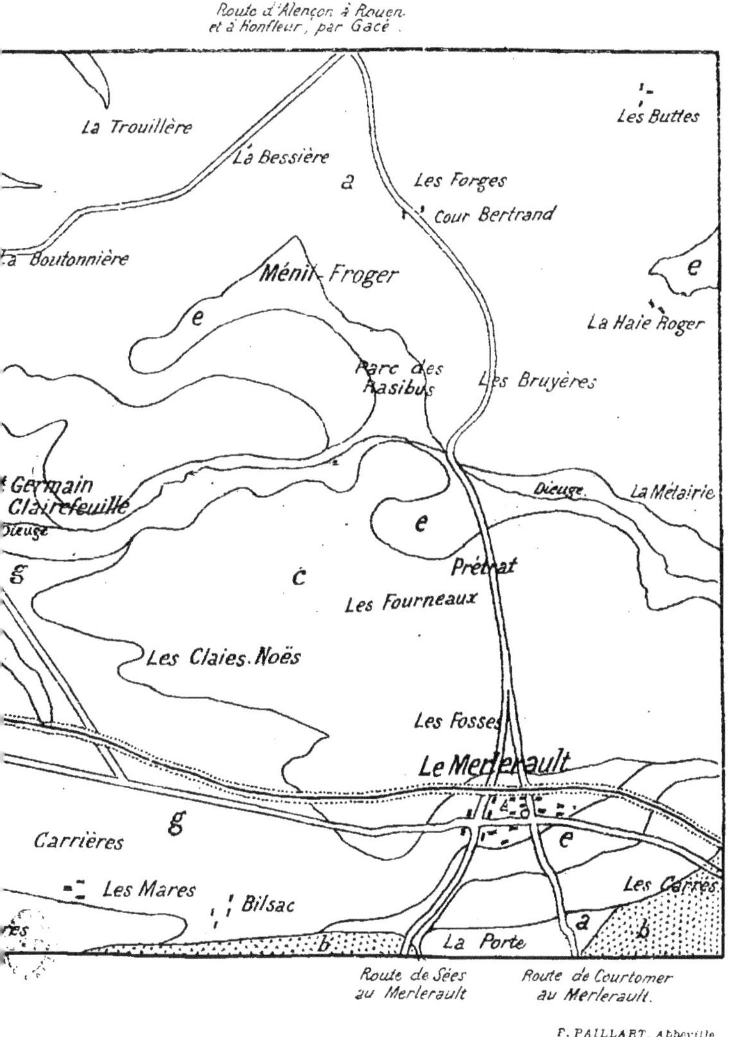

F. PAILLART, Abbeville

ÉCHELLE DE $\frac{1}{40.000}$

A mes Parents

A Monsieur Corbière

AVANT-PROPOS

Je ne ferai certes pas une longue dissertation sur les avantages et les inconvénients suscités par toutes les carrières ouvertes à un jeune homme ; un cours d'économie politique ne serait pas à sa place au commencement de ce travail. Je n'entreprendrai pas non plus l'énumération des causes qui ont influé sur le choix de la carrière agricole, je dirai simplement qu'élevé à Paris jusqu'à un âge relativement avancé et malgré le milieu peu propice dans lequel je vivais, la vocation agricole devint en moi de plus en plus ardente. Les liens qui m'unissaient à cette terre, où l'activité humaine trouve un ferment salutaire, se resserraient chaque jour davantage et je fus obligé de délaisser, certes sans regret, la ville pour la campagne.

Mon existence loin des travaux des champs ne fut pas pour cela un obstacle à l'intérêt que je portais à l'agriculture, et bien souvent, conversant avec des agriculteurs, je déplorais avec eux les maux actuels sévissant sur le pauvre laboureur, et sur leur conseil je ne crus mieux faire que de venir chercher à Beauvais la science nécessaire à la prospérité agricole de notre pays.

Mais les leçons données à l'Institut par des maîtres aussi dévoués qu'instruits ne purent satisfaire complètement mes goûts pour la noble carrière que j'avais choisie, car bien vite je m'aperçus que la théorie n'est que le marche pied, indispensable il est vrai, de la pratique agricole. Aussi me suis-je empressé de rechercher une exploitation où je pourrais m'initier aux mystères de l'agriculture pendant les quelques mois de repos laissés par l'arrêt des cours.

Grâce à un ami dévoué, j'ai eu le bonheur d'être appelé à faire un stage dans un domaine de près de cinq cents hectares, situé au sein de notre plantureuse Normandie.

Je dois dire en passant que le choix fut on ne peut plus judicieux, et nulle part ailleurs je n'aurais certes trouvé mieux ; car là, grâce au jugement éclairé et à l'expérience personnelle de M. Corbière, les nombreux conseils de toute nature que j'ai pu recueillir ne sont pas tombés, je l'espère, sur une terre inféconde, ils germeront sans doute et contribueront à former un homme dont l'indépendance de la carrière agricole ne fera pas obstacle à ses opinions.

Merci, donc sincèrement, Monsieur Corbière, de l'amabilité et de la bienveillance avec lesquelles vous avez guidé mes premiers pas incertains vers l'agriculture et m'avez préparé à entrer dans cette noble lignée de travailleurs des champs.

Oui, je tiens à le répéter, ce choix fut judicieux, car comment ne pas trouver un exemple à suivre dans un domaine où le propriétaire est arrivé par son énergie et ses capacités, à renverser le mode cultural du pays dont les résultats peu lucratifs étaient le sujet de plaintes nombreuses, et à créer de pièces en pièces des cultures, des bâtiments, de nouvelles spéculations qui présentent aujourd'hui un caractère essentiellement rémunérateur. Une distinction honorifique ne pouvait que couronner l'œuvre si bien commencée, aussi M. Corbière s'est-il vu décerner, il y a quelques années, une prime pour la bonne tenue de son exploitation.

Ce sont ces changements apportés dans l'exploitation du domaine de Nonant-le-Pin que j'ai voulu mentionner plus particulièrement ici, tout en ne délaissant pas les questions secondaires. Ce sont les notes recueillies pendant les longues courses faites avec M. Corbière, à travers les herbages, pendant plusieurs mois de stage qui ont servi de base à cette thèse, qu'on pourrait intituler une causerie économique.

Evidemment je n'ai pas cru nécessaire de rechercher par des comptes, le bénéfice approximatif total espéré en année moyenne. Se basant sur des rendements excessivement variables, sur des dépenses plus ou moins nombreuses suivant une multitude de causes plus ou moins favorables, sur des denrées dont la valeur est, j'oserais dire, totalement inconnue jusqu'au moment de la vente, le résultat trouvé ne pourrait servir de bases pour prouver qu'une exploitation rapporte.

Trop de gens, hélas ! se basent sur ces calculs rarement précis pour rechercher le produit d'une ferme avant d'y être entrés, et, maintes fois, j'ai entendu poser cette question : Combien cette ferme louée 10,000 *francs, par exemple, peut-elle rapporter ? Jadis la réponse aurait pu être donnée, mais aujourd'hui où* l'agriculteur doit avant tout être commerçant, *il serait aussi absurde de demander à un industriel : Combien peut rapporter son usine, sachant que la valeur locative est de 15,000 francs par exemple ?*

La marche d'une exploitation agricole est subordonnée journellement aux conditions économiques de toute nature dans lesquelles elle se trouve. Est-ce que ces conditions ne peuvent pas changer en partie et souvent à des intervalles peu éloignés ? Et alors à quoi serviraient les opérations théoriques que l'on aurait faites ? N'est-il pas préférable de rechercher simplement les avantages de telle spéculation sur telle autre ?

C'est ce but pratique en même temps qu'intéressant que nous avons voulu atteindre ; et en montrant que les résultats partiels sont satisfaisants, le résultat total doit être évidemment favorable à tout point de vue.

Il serait certes difficile de rechercher le bénéfice même approximatif réalisé sur le domaine de Nonant-le-Pin. Un agriculteur praticien n'ignore pas que lorsqu'on a en vue la production de bêtes de reproduction ou de concours et l'entretien de poulinières de sang, les déboires sont encore plus grands que dans une ferme exclusivement culturale, et par suite les résultats doivent être bien souvent aléatoires.

Si une thèse est une proposition nouvelle que l'on émet, elle est aussi l'étude des avantages ou inconvénients des nouveaux changements déjà apportés dans une exploitation, et il n'est nullement nécessaire de montrer par le bénéfice total que ces changements, économiquement parlant, répondent bien à toutes les obligations.

Aussi ai-je préféré prouver par certains comptes comparatifs à l'appui, que les nouvelles spéculations entreprises par M. Corbière sont de beaucoup préférables aux anciennes.

Quant aux généralités, j'ai cru bien faire de les résumer le plus possible, car je n'ignore pas que la Normandie est suffisamment connue pour qu'il soit inutile de parler longuement sur un pays dont la célébrité est, dit Charles du Hays, un fait acquis, incontestable. Ses chevaux, et les herbages qui les nourrissent, continue le même auteur, ont toujours joui d'une réputation légitimée par la supériorité.

Et si, au cours de cette étude, j'ai pu afficher des idées trop absolues, je demande à MM. les Délégués de la Société des Agriculteurs de France, d'excuser un jeune débutant, dont l'insuf-

fisante connaissance de la pratique agricole ne permet pas de discuter avec compétence les secrets de l'agriculture.

Je tiens à remercier ici tous ceux qui par leurs conseils ou leurs exemples ont affermi en moi la vocation agricole.

A mes Parents je dédie cette thèse, modeste travail et témoignage imparfait de l'affection que je leur porte. Ma reconnaissance ne sera jamais assez grande pour tous les sacrifices qu'ils se sont imposés pour mon éducation et mon instruction agricole.

PLAN DE LA THÈSE

Généralités sur le Domaine

Les Bâtiments.
Le Matériel.
La Main-d'œuvre.
Les Herbages.
La Pommeraie.
Les Cultures.
Les Animaux de trait.
Les Spéculations animales.
Le Traitement du Bétail.
La Restitution.
L'Ensilage.
Les Bois.
La Comptabilité.

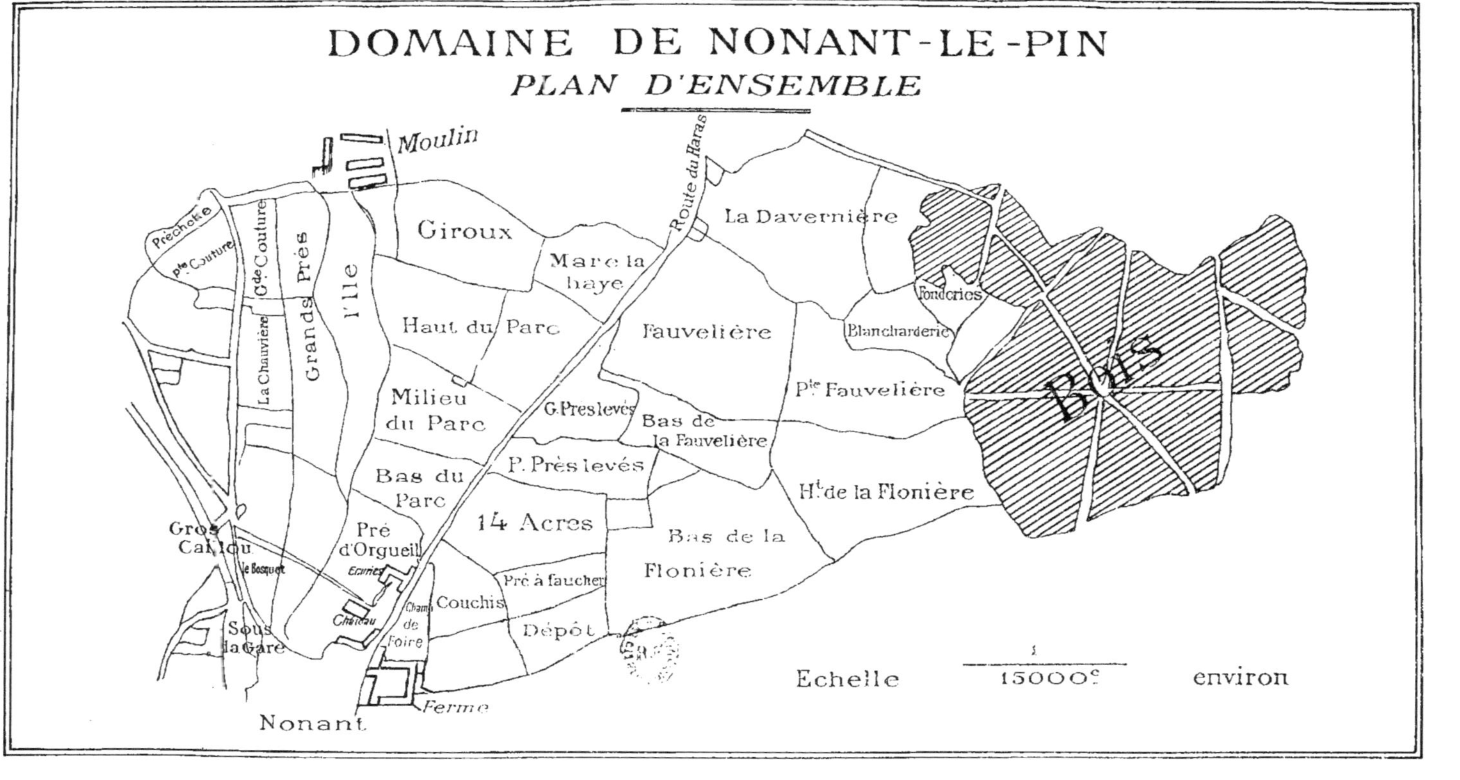
DOMAINE DE NONANT-LE-PIN
PLAN D'ENSEMBLE
Moulin
Route du Haras
Préchoke
Pte Couture
Gde Couture
La Chauvière
Grands Prés
l'Ile
Giroux
Mare la haye
Haut du Parc
Milieu du Parc
Bas du Parc
Pré d'Orgueil
Ecuries
Château
Le Bosquet
Gros Caillou
Sous la Gare
Nonant
Champ de Foire
Ferme
Couchis
Dépôt
Pré à faucher
14 Acres
P. Prés levés
G. Prés levés
Bas de la Fauvelière
Fauvelière
La Daverniè re
Fonderies
Blanchardcrie
Pte Fauvelière
Ht de la Flonière
Bas de la Flonière
Bois
Echelle 1/15000e environ

Le Domaine de Nonant-le-Pin

GÉNÉRALITÉS

HISTORIQUE ET SITUATION. — Le domaine de Nonant-le-Pin, aujourd'hui propriété de M. Corbière, agriculteur émérite et distingué, dépendait autrefois du marquisat de Nonant qui possédait à lui seul près d'un huitième du Merlerault.

Les marquis de Nonant y avaient fondé un haras dont l'origine devait se confondre avec celle de leur maison, aux premiers âges de la féodalité. Ce haras fut dispersé après la mort du marquis de Narbonne.

Ce domaine d'une contenance d'environ 470 hectares est situé à 5 kilomètres d'un gros bourg appelé le Merlerault, centre d'un groupe de vallées herbagères du département de l'Orne désigné sous le même nom.

Ces vallées sont au nombre de douze et servent de bassins à autant de cours d'eau prenant naissance dans les contre-forts de la grande chaine qui coupe de l'est à l'ouest le département de l'Orne. Tous ces cours d'eau inclinent vers la Manche où ils vont porter leurs eaux.

Cette agglomération de bassins affecte à peu près la forme d'un ovale mesurant 28 kilomètres de longueur sur 18 de largeur, et ayant une circonférence de 80 kilomètres environ.

Une série de coteaux élevés, aux pentes onduleuses et presque tous couverts de bocages, entourent complètement cet espace et le protègent contre les vents brûlants du Midi et la bise pénétrante du Nord.

ROUTES ET CHEMINS. — La propriété traversée par la route nationale de Paris à Granville d'une part et celle de Nonant à Almenêches de l'autre, est d'un accès facile. L'exploitation d'un bois dit les « Ventes de Nonant », d'une contenance de 100 hectares, faisant partie de la propriété, a nécessité la création d'un chemin privé donnant libre accès aux charrettes.

Ce chemin, d'une longueur de 975 mètres environ, facilite non seulement le tirage du bois, mais encore l'accès des herbages situés sur son parcours.

ALTITUDE. — Le sol de la propriété est assez accidenté, surtout du côté du nord-ouest. L'altitude du terrain, qui est dans la vallée de 180 mètres environ au-dessus du niveau de la mer, s'élève progressivement jusqu'à la hauteur de 226 mètres au point le plus élevé de l'herbage dit la **Davernière**, situé sur le flanc de la butte de Montaigu.

RIVIÈRES ET SOURCES. — La Dieuge, petite rivière d'un cours d'environ 16 kilomètres qui prend sa source près de Champhaut, traverse la propriété de l'est à l'ouest sur une longueur de 1.500 mètres environ.

Dans son parcours sur le domaine, la Dieuge reçoit les eaux de plusieurs sources, et entre autres de celle dite du Bosquet et de celle du Gouffre dont le débit est assez considérable.

Trois ponts et plusieurs passerelles réunissent les herbages situés de part et d'autre de la rivière.

Un moulin à vent, « l'Eolienne », puisant directement à la rivière, fournit l'eau en abondance au château, au potager et à la ferme. Un peu plus loin une chute d'eau de la force de douze chevaux était utilisée autrefois à faire marcher un moulin à trois paires de meules.

En raison de la baisse continuelle des prix de location des moulins dans toute la région, la force est employée aujourd'hui à faire marcher la machine à battre, les concasseurs, broyeurs, trieurs et une scierie mécanique.

Du côté nord, la propriété est séparée du domaine du haras du Pin, par la rivière de l'Ure qui coule entre les « Ventes de Nonant » et le champ de course, sur une longueur de 850 mètres environ.

Cette rivière, d'un cours de 33 kilomètres, naît au pied du coteau de Mesnil-Froger ; reçoit en amont de la Cochère, la Dieuge dont nous venons de parler ; baigne le Pin au Haras Sillit en Gouffern ; passe entre Sai et Urou, et se joint à l'Orne (rive droite) un peu au-dessus d'Argentan.

VILLES VOISINES ET MOYENS DE COMMUNICATION. — La propriété située à l'entrée même du bourg de Nonant, à 100 mètres de la gare, se trouve dans des conditions exceptionnellement favorables pour les transports par la voie ferrée.

Cette proximité du chemin de fer est surtout précieuse pour l'embarquement des bestiaux que l'on dirige en grand nombre chaque année sur le marché de la Villette.

Nonant est situé sur la ligne de Paris à Granville, à 176 kilomètres de Paris. Les villes les plus rapprochées sont par ordre d'importance :

Argentan à 20 kilomètres.

Sées et Gacé à 12 kilomètres.

Le Merlerault à 5 kilomètres.

Il se tient tous les vendredis à Nonant un marché où la vente du beurre, des œufs et des volailles est très active.

CLIMAT. — Le climat du département de l'Orne est le climat séquanien, généralement doux à cause du voisinage de la mer ; l'humidité en est le caractère dominant.

En hiver, le thermomètre descend rarement au-dessous de 4° à 6° ; en été, il ne dépasse qu'exceptionnellement 30°.

La température moyenne annuelle varie, suivant les localités, entre 11 et 13°.

Ce sont les vents d'ouest et du sud-ouest qui amènent ordinairement la pluie. Ceux du nord et du nord-ouest sont les plus fréquents.

Les vents d'est, qui se font sentir dans le courant du mois de mai, sont surtout nuisibles à la floraison des arbres.

Les observations pluviométriques faites dans les cinq stations les plus rapprochées du domaine ont donné les résultats suivants pour les années 1882, 84, 85.

STATIONS ALTITUDES des UDOMÈTRES	CHAMPHAUT 300m	LAIGLE 205m80	GACÉ 200m	SÉES 192m	ARGENTAN 164m27
	millim.	millim.	millim.	millim.	millim.
1882	931.5	1.018.1	1.004	976.5	848.2
1884	576.6	630.4	712.4	674.7	584.8
1885	711.9	741.4	783.7	735.5	547.9

La moyenne varie entre 600 m/m et 900 m/m.

Le printemps et l'automne sont particulièrement humides.

GÉOLOGIE DU DOMAINE ET DES ENVIRONS. — Les terres reposant dans presque toute leur étendue sur sous-sol argileux sont, par le fait même, humides et froides, d'une fertilité moyenne et plus favorables à la production herbagère qu'à la culture des céréales ou des plantes industrielles.

Quelques parcelles gagneraient même d'être débarrassées par le drainage d'une surabondante humidité.

Toutefois cette uniformité des terres représentée dans toute leur étendue par un calcaire argileux, est interrompue par une petite plaine marno-sableuse située entre le Merlerault et Nonant. Elle dessine un îlot au milieu de la zone des herbages et doit à la nature de sa composition une fertilité remarquable.

GÉOLOGIE PROPREMENT DITE. — Par leur nature, les terres de la région appartiennent aux terrains de la période oolithique qui occupent une place importante dans la contrée.

GRANDE OOLITHE. — La grande oolithe se compose de calcaires blancs sublithographiques comme dans les environs de la gare de Sées et d'oolithes jaunâtres (plaine du Merlerault). Cette dernière est peu fossilifère. Les environs de la gare de Sées au contraire présentent : *Purpuroïdea Minax, Lucina Belfona, Macrodon, Hirsmente*, etc.

A la partie supérieure de ce terrain existe généralement un banc marneux de très faible épaisseur ; il renferme : *Ostrea costata, Terebratula carduin, Echinobussus*, etc.

Aux environs du Merlerault les bancs de la grande oolithe sont tourmentés et traversés par des fissures tapissées de concrétions de barytine. Ce terrain se trouve à Nonant où il forme une longue bande étroite s'étendant au-dessus et au nord du bourg. Cette bande traverse la route d'Alençon à Rouen, et se termine en pointe à une centaine de mètres environ à l'ouest de l'église de Saint-Germain de Clairefeuille. Au sud du bourg de Nonant et sur la rive gauche de la Dieuge on retrouve le même terrain.

Il forme ici une plaine de 6 kilomètres de long, large de 2 kilomètres et se terminant un peu à l'est du Merlerault ; cette partie est exclusivement réservée à la culture sous le nom de plaine du Merlerault.

Partout le carbonate de chaux prédomine, et la magnésie, quoique en faible proportion, accompagne presque toujours la chaux.

Ce qui fait le plus défaut, c'est la potasse ; sa quantité dépend de celle de l'argile qui se trouve dans les roches.

OOLITHE MILIAIRE. — L'oolithe miliaire de l'étage bathonien se montre en sables fins, quartzeux, parfois agglomérés en grès, et surmontés par des calcaires blancs aux environs de Sées, jaunâtres au Merlerault. Les excellents fourrages de cette dernière localité se produisent en partie sur l'oolithe miliaire qui en occupe les collines les plus élevées, en partie sur le callovien supérieur, composé de calcaires ferrugineux qui s'étendent en couches presque horizontales de Sées à Argentan, en formant une plaine fertile qui continue vers le sud.

ARGILES ET CALCAIRES CALLOVIENS. — Les argiles et calcaires calloviens se rencontrent aussi sur plusieurs points. Une bande de forme irrégulière prend naissance un peu à l'ouest du bourg de Nonant, puis s'étend vers le nord sur une largeur de 1,500 mètres environ.

Le même terrain qui a disparu aux abords de la rivière dont les alluvions modernes occupent le fond de la vallée, se présente de nouveau un peu plus à l'est.

Il couvre la partie sud-est de la commune de Saint-Germain-de-Clairefeuille et la région nord de celle du Merlerault. Il en existe encore une petite bande étroite qui s'étend de Nonant à Montmarée en longeant au sud la plaine du Merlerault sur une longueur de 4 kilomètres environ.

Ces argiles et calcaires calloviens offrent à leur partie supérieure un banc ferrugineux très fossilifère, on y trouve en abondance : *Ammonites lunula, Terebratula octoplicata, Rhynchonella spathica*, etc.

Au-dessous viennent des alternances d'argile et de calcaire argileux, bleuâtres, ressemblant beaucoup aux argiles oxfordiennes.

ETAGE OXFORDIEN. — L'étage oxfordien peut se diviser en deux parties : l'oxfordien proprement dit et le callovien.

L'étage oxfordien est représenté aux environs de Sées et d'Argentan par des couches calloviennes divisées en zones argileuses, sableuses et ferrugineuses dont quelques-unes, comme l'oolithe ferrugineuse d'Exmes, sont très riches en fossiles.

GLAUCONIE. — (Tetra-silicate hydraté d'alumine, de magnésie, de fer et de potasse.)

Ostrea vesiculata. — Au-dessus de la butte de Montaigu et du côté de la roche de Nonant on trouve la glauconie à *ostrea vesiculosa*.

Cette couche, de faible épaisseur, est supportée directement par les marnes oxfordiennes ; plus haut se trouve de la craie de Rouen ; ce terrain se compose d'alternances de sables glauconieux, de marnes crayeuses, passant au tuffeau et d'argile grise ; on y rencontre de nombreux fossiles : *Scaphites, œqualis, ammonites, Rhotomagentis, ammonites variant, Turrilites costatus, Cardium hillanum*. etc.

ARGILE A SILEX REMANIÉE. — L'argile à silex remaniée forme tout le plateau de cette partie; elle est formée de silex, de la craie, brisés et empâtés dans une argile de couleur grise.

Le fond des vallées est occupé par les alluvions modernes argilo-sableuses. Les parties reposant sur ce terrain sont exclusivement réservées aux herbages.

ARGILES OXFORDIENNES. — Les parties ouest et nord-ouest de Nonant sont constituées par les argiles oxfordiennes; des herbages occupent seuls cette région. Ce terrain atteint l'altitude de 321 mètres au signal de Champhaut, point le plus élevé du terrain jurassique de l'ouest; il couvre de grandes surfaces surtout vers le nord-ouest.

Ce terrain est composé d'argiles bleues avec quelques bancs de calcaires argileux de même couleur. Les fossiles sont assez abondants dans ce terrain, surtout vers la partie supérieure, on y rencontre : *Belemnites hastatus*, *Ammonites biplex, Gervilla aniculoïdes, Ostrea oïlatates.*

UTILITÉ DE CETTE ÉTUDE. — On pourrait se demander : « Pourquoi une étude aussi approfondie de la géologie locale et son but pratique? » Je m'empresse de répondre que sans cette étude préalable on s'expose à tomber dans de graves erreurs, non seulement au sujet des substances ou compléments minéraux qu'il est avantageux de fournir à la terre, mais relativement à l'assolement rationnel qu'il faut adopter, aux spéculations les plus avantageuses qu'il convient de tenter afin de ne pas ruiner le sol et dépenser sa peine en pure perte.

Par les lumières que nous apporte la connaissance du sol, nous pouvons nous rendre compte des relations des terres des domaines avec la production végétale et animale de la région, des divers amendements qu'elles renferment, de la nature, de l'abondance ou de la rareté des eaux, toutes choses qui exercent, au point de vue de la propriété, la plus grande influence

LES BATIMENTS

Si la constitution géologique du sol et le climat influent sensiblement sur la bonne ou mauvaise réussite d'un élevage quel qu'il soit, la présence de bâtiments susceptibles, non seulement de maintenir le bétail en excellente condition, mais encore de pourvoir à son entretien le plus économiquement possible, joue un rôle prépondérant dans toute exploitation agricole et surtout dans un établissement d'élevage.

En effet, on n'a qu'à considérer le prix de plus en plus élevé du bétail pour se convaincre des avantages de pourvoir d'une manière convenable à son abri et à la préparation de sa nourriture.

Quant au capital employé à ces constructions, on ne peut pas toujours compter avec certitude sur son caractère essentiellement rémunérateur.

Il n'en est cependant pas de même partout : les additions aux anciens de nouveaux bâtiments sur le domaine de Nonant-le-Pin prouvent que, lorsqu'ils sont combinés et exécutés avec jugement, ils sont toujours rémunérateurs.

DESCRIPTION. — Lorsqu'on se dirige vers ce magnifique établissement qu'est le haras du Pin, on voit, en sortant du bourg de Nonant, la ferme à droite de la route, à gauche, un délicieux chalet normand habité par M. Henri Corbière, puis, à quelques pas, le château de M. Corbière père. Au bout d'une large allée ombragée, et après avoir passé devant plusieurs parquets où des volatiles de toute espèce prennent leurs ébats, on se trouve aux écuries. Puis on aperçoit, à 1,200 mètres environ, un moulin de construction récente dont la force est employée aujourd'hui, pour les raisons énoncées précédemment, à faire marcher divers instruments agricoles.

Reprenons maintenant en particulier ces divers bâtiments :

1° Ferme proprement dite, située en face l'habitation de M. Corbière, elle comprend :

a). — Les anciens bâtiments.

b). — Les bâtiments nouveaux.

La Ferme.
Revue des juments de trait du pays.

a). — Parmi les anciens bâtiments, nous nous bornerons à signaler les principaux locaux, savoir : l'habitation du chef de culture et de sa famille, ainsi que celle du berger.

Une écurie pour quatre chevaux. Les stalles sont limitées par des bats-flancs mobiles, ce qui permet de mettre un plus grand nombre d'animaux.

Une infirmerie où les animaux malades sont mis en observation. Deux petits locaux donnant asile aux béliers et aux brebis de concours soumis à un régime spécial.

Une deuxième écurie, coupant à angle droit ce dernier bâtiment, était autrefois occupée par des juments poulinières ; les boxes ont été conservés et deux chevaux, séparés par un bat-flanc, y prennent place.

Un magasin pour les grains et les tourteaux.

Une manutention, puis le local destiné à préparer les rations, où on remarque un laveur de betteraves et un coupe-racines, le tout actionné par un manège (système Menot).

Puis deux autres locaux servent de bergeries, dont l'un pour un certain nombre de brebis mères et l'autre pour les béliers d'un an.

A l'autre extrémité de la cour, se trouve une ancienne porcherie, aujourd'hui transformée en infirmerie pour les moutons malades ou pour les béliers revenant de la saison de monte.

Il existe aussi un travail pour panser les bestiaux blessés ou boiteux.

b). — Les bâtiments nouvellement construits, situés dans la même cour, comprennent la bergerie et un hangar en fer couvert en tôle ondulée servant de remise pour les voitures.

La bergerie, construite pour loger 150 moutons, est divisée en trois stalles de 8 mètres de longueur sur 8 mètres de largeur.

En face de chaque stalle est une porte destinée au passage des animaux et des voitures lors de l'enlèvement du fumier. Cette porte est à deux battants, chaque battant est divisé en deux parties ; on ouvre la supérieure pour donner de l'air.

Ce bâtiment, peu élevé, n'est en somme qu'un hangar économique, dont l'entre-deux des travées est constitué par un mur en briques ; la couverture est en tôle ondulée, métal très sensible aux effets de la température, aussi a-t-il exigé l'établissement d'un plafond en bois, l'espace libre est rempli de paille, corps mauvais conducteur de la chaleur.

Ces bâtiments sont disposés autour d'une cour carrée dont la fumière, située sur le côté droit, occupe une surface d'environ 60 mètres carrés; une fosse à purin y est annexée.

Dans une seconde cour, située derrière la ferme, se trouve un autre hangar destiné à abriter le manège et les instruments de toute nature.

2° **Les écuries et la vacherie.** — Ces bâtiments encadrent sur trois côtés une cour carrée au milieu de laquelle se trouve un petit bassin entouré d'une balustrade ; l'accès de ce bassin est rendu facile aux animaux au moyen d'une pente douce pavée et cimentée.

L'écurie et la vacherie sont de construction récente. Elles ont été entièrement élevées avec la pierre meulière.

Un couloir a été établi au centre du bâtiment principal, donnant ainsi une communication avec les herbages ; le logement du stud-groom est situé au-dessus; de chaque côté ainsi que sur les ailes, des greniers ont été ménagés.

La partie gauche comprend onze boxes et trois stalles pour les chevaux de service, la partie droite sert de remise aux voitures.

Quant à l'aile droite, elle est aussi divisée en boxes (16). La vacherie occupe l'aile gauche (32 places).

Les boxes sont suffisamment grands pour permettre à une poulinière et au poulain d'évoluer librement ; on y remarque deux auges dont une plus basse pour le poulain. Un couloir central de 2 mètres de largeur facilite le service qui doit être minutieusement fait. La vacherie est du système longitudinal double, tête au mur, mais un couloir a été ménagé derrière les râteliers pour la distribution des aliments.

Un petit local donnant abri aux taureaux et aux jeunes veaux est disposé à l'une des extrémités.

Une porte a été établie sur le côté, pour permettre aux vaches de sortir directement dans les herbages. Il existe dans la vacherie et les boxes un système de canalisation, facilitant l'écoulement des urines.

Les étables, à veaux au nombre de cinq, se trouvent derrière les écuries ; deux leur sont mitoyennes et les trois autres le sont à la route.

Un instrument qui a naturellement sa place dans une grande exploitation est la bascule, permettant de se rendre un compte exact du poids des animaux et des récoltes au fur et à mesure qu'elles rentrent.

3° **Le moulin.** — Ce magnifique bâtiment de 30 mètres de long sur 10 mètres de large et composé de 4 étages, ne sert plus aux usages auxquels son but primitif le destinait.

Nous avons vu précédemment que la plupart des instruments d'intérieur de ferme, c'est-à dire les trieurs, les concasseurs, les broyeurs, etc.. etc., s'y sont donnés rendez-vous et utilisent à merveille la force de 12 chevaux fournie à bon marché par la chute d'eau.

Une batteuse (système Merlin) et une scierie mécanique (système d'Espeur et Achard) sont aussi actionnées par ce moteur hydraulique.

Un autre bâtiment situé vis-à-vis du moulin donne asile aux jeunes bêtes d'élevage.

Dans une seconde cour, 3 hangars économiques ont été établis dont l'un, composé de cinq travées d'une longueur totale de 35 mètres sur 7 mètres de largeur, peut contenir plus de 20.000 gerbes.

Les deux autres beaucoup moins haut servent d'abri pour les animaux pendant l'hiver.

En construction actuellement une fosse à ensilage de 20^m × 7^m adossée à un talus.

Tous ces bâtiments sont reliés aux écuries par un petit chemin de fer Decauville. cette voie ferrée se déroule sur une longueur de plus d'un kilomètre et suit en grande partie la rivière.

Un hangar situé dans un herbage à droite de cette rivière est destiné à abriter les poulinières et poulains pendant les mauvais temps.

Les hangars économiques couvrent donc une grande surface de terrain sur le domaine de Nonant le Pin; ils présentent en effet d'incontestables avantages au point de vue de la légèreté, de la solidité. de l'incombustibilité et surtout, comme le nom l'indique, au point de vue de l'économie. — Il y a quelques années, les terres labourables étaient peu étendues. Aussi les bâtiments nécessaires pour abriter les récoltes étaient-ils peu nombreux. Mais avec l'accroissement de la culture, la construction de nouveaux bâtiments s'est imposée; les hangars économiques ont répondu avec satisfaction à cette obligation.

Quand on possède la première avance, il est toujours préférable d'exécuter ces constructions; car la confection des meules revenant à des prix relativement élevés, le capital engagé est vite regagné, et l'économie réalisée est considérable comme il est facile de s'en rendre compte par le calcul suivant :

Prenons le plus grand hangar du domaine ; il couvre une superficie de 35 mètres de long sur 7 mètres de large ou 245 mètres carrés.

Actuellement le mètre carré couvert revient à 14 francs tout posé, la dépense totale est donc de $245 \times 14 = 3.430$ francs.

Depuis l'Exposition, les prix ont considérablement augmenté, ils étaient à l'origine de 10 à 11 francs, rarement à 12 francs.

Ce hangar peut abriter 21.000 gerbes, ou 7 meules de 3,000 gerbes. La confection d'une meule revient environ à 100 francs, couverture, main-d'œuvre. etc... soit une dépense de 700 francs par an.

En $\frac{3,430}{700} = 5$ ans le hangar a été payé.

Nous faisons entrer simplement dans ce calcul l'économie réalisée sur les récoltes ; mais il est important de noter que ce hangar sert en même temps à d'autres usages; au fur et à mesure de la consommation des denrées emmagasinées, l'espace libre est occupé soit par des pulpes ou des balles, etc., soit par des animaux.

Il présente de plus l'avantage d'exiger peu de main-d'œuvre pour le déchargement des récoltes.

LE MATÉRIEL

A Nonant, comme dans toutes les bonnes exploitations, on se sert de presque tous les instruments existant aujourd'hui, aussi la description en paraît inutile.

Qu'il nous suffise de dire qu'aucun instrument n'est acheté, si son emploi ne semble pas être rémunérateur.

On a remplacé il y a quelques années la charrue par le brabant. Pourquoi ce surcroît de dépenses? Parce que le labour en planches exécuté par la charrue est un obstacle à la bonne marche des faucheuses et moissonneuses; instruments destinés à supprimer une partie de la main-d'œuvre pour réaliser une sensible économie.

Le calcul suivant s'applique aussi bien et à la culture et aux herbages :

Nous fauchons, dirons-nous plus loin, 60 hectares de prairies naturelles ou artificielles tous les ans.

Si nous prenons une faucheuse faisant environ 4 hectares par jour, en 15 jours la récolte sera coupée. Et pour faucher à la main, il faudrait 150 journées d'hommes ou 10 hommes employés pendant 15 jours. Le faucheur étant payé 4 francs, la dépense serait de 600 francs dans le 2e cas.

Avec la faucheuse la dépense est de 10 francs environ par jour, que l'on détaille ainsi :

2 chevaux	ou	6 francs	*par jour.*
1 conducteur		3 —	—
Frais divers		1 —	—
	Total.	10 francs	*par jour.*

Et pour 15 jours, 150 francs.

L'économie réalisée, même après avoir défalqué l'intérêt de l'argent engagé et l'amortissement de la machine, est encore assez considérable pour permettre l'achat de ces instruments.

Il en serait de même pour la moissonneuse. Quant à la moissonneuse-lieuse, elle n'a pas encore fait son apparition à Nonant-le-Pin. M. Corbière se propose d'en acheter une pour la récolte prochaine, mais la difficulté du travail dans des pièces morcelées souvent plantées d'arbres fruitiers et l'usure rapide de cette machine semblent s'opposer à ce projet. De plus la surface emblavée en céréales n'est pas assez considérable pour amortir complètement l'instrument.

Fidèle au principe énoncé au commencement de ce chapitre, nous allons rechercher si l'emploi de la moissonneuse-lieuse serait rémunérateur.

Pour cela il faut connaître premièrement à combien revient l'hectare coupé à la moissonneuse et lié à la main, pratique actuellement suivie. Ce travail revient généralement à 15 francs, dont 5 francs pour le fauchage à la machine et 10 francs pour le liage à la main.

Prenons une moissonneuse-lieuse d'une valeur de 1,000 francs, il faut compter la remplacer au bout de trois ans, nous avons donc 330 francs d'amortissement par an, plus l'intérêt du capital engagé ou 30 francs. Mettons 40 francs pour les frais divers, graissage, réparation, etc... soit un total de 400 francs.

La surface emblavée en céréales est de 40 hectares, nous avons donc un supplément de frais par hectare de $\frac{400}{40} = 10$ francs.

Il faut ajouter maintenant le travail des chevaux et du conducteur. Pour mettre cette machine en mouvement il faut 4 chevaux dont un de rechange ou une dépense de :

Chevaux	12 francs.
onducteur	3 »
Total.	15 francs.

Nous avons dit précédemment que les terres étaient très morcelées, aussi ne faut-il pas espérer faire plus de 2 hectares 1/2 par jour.

La dépense totale par hectare est donc de $\frac{15}{2.5} + 10 = 16$ francs.

D'où une perte de 1 franc.

Nous voyons par ce simple calcul qu'il ne faut pas espérer réaliser une économie en employant la moissonneuse-lieuse.

Mais si nous pouvions, en exigeant une parfaite conduite de cette machine, l'amortir en 5 ou 6 ans, il serait peut-être avantageux de l'employer, car on supprime de cette manière un certain nombre d'ouvriers toujours difficile à recruter au moment de la moisson.

Elévateur.

La photographie ci-contre nous donne un aperçu d'un instrument très ingénieux en même temps que très pratique dont l'emploi est très répandu en Angleterre. Nous voulons parler de l'élévateur, tablier roulant armé de griffes, s'élevant à 10 mètres de hauteur et actionné par un manège à cheval.

Cette machine a le grand avantage de faire une besogne rapide, ce qui est précieux quand le temps est plus ou moins favorable pendant la saison des foins.

Avec un charretier courageux et vif, on peut décharger une voiture en quelques minutes. Plusieurs ouvriers ont la mission de distribuer et de tasser le foin ainsi élevé.

Une vente qui a eu lieu dernièrement dans les environs a permis de combler économiquement quelques vides dans le matériel.

LA MAIN-D'ŒUVRE

La main-d'œuvre est aujourd'hui la plaie de l'agriculture. Partout on se plaint de sa rareté et de sa cherté ; les causes en sont complexes : d'une part l'abandon des campagnes, suite du service militaire obligatoire, d'autre part la dépopulation de notre cher pays, contribuent à diminuer de plus en plus le nombre des ouvriers agricoles.

De plus, loin de racheter la quantité par la qualité, ceux qui restent ne sont pas toujours les meilleurs, et, comme les doctrines socialistes se répandent de plus en plus dans les campagnes, la haine du patron doit nécessairement s'accroître dans l'esprit des ouvriers actuels.

A Nonant, comme partout ailleurs, nous n'échappons pas à cet état des choses, aussi ce n'est pas sans difficulté que s'opère le recrutement du personnel nécessaire à l'exploitation.

Mais, grâce à l'intelligente direction et à la clairvoyance de M. Corbière, le personnel est toujours suffisant non seulement pour opérer à temps les divers travaux agricoles, mais encore pour effectuer les améliorations nécessaires à la bonne marche du domaine.

En effet, M. Corbière s'est assuré le concours d'ouvriers spéciaux : menuisier, charpentier, maçon. Ils sont logés avec leur famille sur le domaine, et, d'après les conditions de leur engagement, ils ont une certaine surveillance à remplir sur les animaux et ils peuvent être au besoin employés aux travaux des champs.

Un chef de culture est chargé du personnel, il est logé avec sa famille dans la ferme.

Le garde remplit aussi le rôle de contremaître à certaines époques de l'année. Il y a 2 hommes affectés au service de la vacherie : le 1er vacher reçoit 90 francs par mois et 1 franc par veau élevé, plus gratification de concours, il est logé, mais se nourrit Son aide reçoit de 80 à 85 francs.

Le berger est payé 100 francs par mois et 0 fr. 50 par agneau sevré, il est logé, mais se nourrit; il reçoit en gratifications, 5 francs par bélier vendu ; sa femme est employée avec lui et le remplace pendant ses absences.

Les palefreniers reçoivent de 80 à 90 francs, sont logés, mais se nourrissent ; ils sont en général assez difficiles à recruter, car très peu sont aptes à donner les soins que réclament les juments poulinières.

Il est donc très important de bien choisir son personnel ; quand on se destine à l'élevage, il doit être suffisamment pourvu de connaissances pratiques, car il faut lui laisser une certaine indépendance, une initiative personnelle et pour le stimuler, il est bon de l'intéresser quelque peu dans les bénéfices.

Les charretiers sont au nombre de trois, ils reçoivent 90 francs par mois, mais ils ne sont pas nourris.

De mars à novembre, on emploie quatre ouvriers bretons pour le démariage, le binage, la fenaison, la moisson, l'arrachage des betteraves et pommes de terre. Ils sont payés 2 fr. 50 par jour et reçoivent en plus, du bouillon et de la boisson.

En général tous les ouvriers à la journée reçoivent 3 francs par jour pendant l'été et 2 fr. 50 pendant l'hiver.

Pendant l'été, les charretiers arrivent à 4 h. 1/2 le départ est fixé à 6 heures, ils dételtent à 11 heures, ils reprennent le travail à 1 heure et cessent à 6 h. 1/2 ou à 7 heures. mais avec une demi-heure de repos à 4 heures.

Ce dernier système est inférieur au premier, car les ouvriers sont toujours disposés, s'ils ne sont pas surveillés, à prendre davantage de repos.

L'hiver, le départ est à 7 heures, on cesse le travail à la nuit, les ouvriers ont une heure pour déjeuner à midi.

Voici les salaires pour les travaux à tâche :

Pendant la saison du foin,		les faucheurs	reçoivent	4	francs par jour.
—	—	les faneurs	—	3	—
—	—	les femmes	—	2	—

Pour botteler le foin les prix sont variables (bottes de 5 kilos à 2 quartiers et un lien) :

1 fr. 25 du cent	si le foin est en		meule.
1 fr. 50	—	—	meulons.

Pour lier les gerbes des céréales, on donne 1 fr. 50 du cent, mais les ouvriers doivent retourner les gerbes et faire leurs liens, ou 1 fr. 25 en leur fournissant les liens, ou 1 franc simplement pour lier.

L'épandage du fumier est payé 6 à 7 francs par hectare.

Pour bêcher les pommiers on donne 0 fr. 05 par arbre.

Pour ramasser les pierres dans les terres, 1 fr. 50 du mètre ; ce travail est fait par des enfants.

Aucun ouvrier n'est nourri sur le domaine. Autrefois le chef de culture était chargé de pourvoir à la nourriture des ouvriers moyennant une redevance de 1 fr. 25 de la part de ceux-ci ; mais l'exigence de plus en plus grande du personnel, surtout en Normandie, a détruit en partie cette coutume.

Elle subsiste encore pour les palefreniers et les vachers qui prennent leurs repas avec le Stud-Groom, moyennant 1 fr. 25 par jour. Il y a quelques années, il était préférable dans un but philanthropique de pourvoir à la nourriture des employés, car les hommes sont mieux nourris que s'ils se nourrissaient eux-mêmes, mais vu l'état d'esprit des ouvriers actuels, ce système est presque impossible aujourd'hui.

LES HERBAGES

Les terres de la propriété reposant sur un sous-sol argileux et imperméable sont humides et froides, et par conséquent plus favorables à la production herbagère qu'à la culture des céréales.

L'augmentation continue des frais de culture et la baisse du prix des céréales justifient d'ailleurs la préférence donnée ici à l'exploitation des terres en herbages et en prairies artificielles.

CARACTÈRE DES HERBAGES. — Nous ne pourrions mieux faire que de citer l'opinion de Charles du Hays, auteur d'un excellent ouvrage sur le Merlerault : « Les herbages du Merlerault, dit-il, n'ont pas, il faut l'avouer, toute la spontanéité de la primeur qu'on admire en certaines vallées, ils ne brillent pas dès le premier printemps par leur exubérance, mais pendant l'été ils ont le privilège de ne pas brûler et à l'arrière-saison, quand tout manque ailleurs, ils présentent une rare abondance et donnent aux animaux les forces nécessaires pour aborder l'hiver. »

Nous croyons qu'il est nécessaire de faire une certaine réserve en ce qui concerne l'état des herbages pendant l'été.

ÉTENDUE DES HERBAGES. — L'étendue de la propriété actuellement occupée par les herbages est d'environ 300 hectares.

La grandeur de ces herbages est très variable ; le plus vaste, dit le parc de Nonant, est d'une contenance de 38 hectares.

NATURE DU SOL. — **Herbages** reposant sur les alluvions modernes. — Les herbages situés sur le bord de la rivière reposent sur les alluvions modernes. Ces terrains sont très humides à cause de la proximité de l'eau. Les drainages ont donné d'excellents résultats.

Des échantillons pris dans cette partie, il y a une quinzaine d'années, et soumis à l'analyse ont donné les résultats suivants par 1,000 kilogrammes de terre :

Azote	4,6
Acide phosphorique	0.64
Potasse	0,81
Chaux.	10,18

Comme on le voit, le sol était très riche en azote, pauvre en potasse et surtout en acide phosphorique.

Herbages sur le callovien.

Azote	3.2
Acide phosphorique	0,24
Potasse	1,00
Chaux.	6,2

Cette analyse indiquait une richesse en azote, une teneur moyenne en potasse, mais une pauvreté extrême en acide phosphorique.

Herbages sur l'oxfordien. — Cette partie est généralement moins humide que les précédentes, mais elle est aussi pauvre que la seconde en acide phosphorique et manque de potasse comme la première.

Azote	2,4
Acide phosphorique	0,21
Potasse	0,85
Chaux.	5,5

Comme l'épaisseur de la terre cultivable est peu considérable et ne dépasse pas dans la majeure partie des cas 0 m, 20, nous pouvons compter sur un volume de 10,000 $^{m^2}$ $\times$ 0,20 = 2,000 mètres cubes ou 2,000 tonnes environ.

Nous avons donc les quantités suivantes en azote, en acide phosphorique, en potasse et en chaux, par hectare dans les trois terrains énoncés précédemment :

1° *Azote*	9,200 kil.	6,400 kil.	4,800 kil.
2° PO^4H^3. . . .	1,280	480	540
3° *KOH*	1,620	2,000	1,700
4° *CaO*.	20,360	12,400	11,000

Nous remarquons que l'acide phosphorique était loin d'être en quantité suffisante dans le sol du domaine.

En effet, M. Cantiget, vétérinaire de l'Inde, a posé en principe que l'on ne pouvait faire d'élèves sur les terrains ne contenant que 1,000 à 1,200 kilogrammes d'acide phosphorique à l'hectare, alors que les vieilles vaches pouvaient encore s'y maintenir longtemps en bon état, et que là où l'on trouvait 4,000 kilogrammes d'acide phosphorique à l'hectare, on devait au contraire réussir.

Un élevage fructueux était donc difficile là où une culture spoliatrice avait enlevé depuis des siècles, sans aucune restitution, l'acide phosphorique du sol par une production ininterrompue de jeunes animaux.

Mais aussi, depuis cette époque, le sol a été amélioré et la nature des herbes modifiée par des apports de superphosphates et de scories. L'acide phosphorique, avidement absorbé par les plantes et fourrages, est ingéré par le bétail, car l'acide phosphorique *des végétaux est le plus assimilable.* Celui des phosphatines et autres produits analogues l'est beaucoup moins.

De plus, les animaux reçoivent à l'herbage une certaine quantité de tourteaux de coton décortiqué, la consommation de cet aliment maintient non seulement le bétail en bonne condition, mais les déjections qui en résultent enrichissent graduellement les pâturages.

DRAINAGE. — L'humidité, qui est le caractère dominant des herbages du pays, est avantageusement combattue par le drainage.

Cette opération est la première amélioration à apporter partout où cela est nécessaire, car tant que la terre n'est point débarrassée de l'eau stagnante, toutes les autres améliorations sont inutiles.

Le drainage du sous-sol des terres arables et des bons pâturages augmente de beaucoup la température du sol et le rend plus sain pour les plantes et pour les animaux.

Tout ce qui pousse ou se nourrit à la surface de la terre une fois drainée devient beaucoup plus vivant et prospère, et tous les travaux de culture deviennent plus faciles et plus efficaces, et cela à un si haut degré que cette opération ne peut jamais manquer de donner des résultats rémunérateurs.

Il est vrai que l'augmentation des salaires des ouvriers et celui du prix des matériaux *pèsent lourdement sur l'opération*.

Malgré ces frais considérables, M. Corbière, reconnaissant la nécessité absolue du drainage dans les parties humides, n'a pas hésité à pratiquer cette opération, et aujourd'hui plus de cent hectares ont été drainés.

PLANTES QUI SE RENCONTRENT DANS LES PARTIES HUMIDES. — *Juncus communis*; — *Carex riparia*; — *Ranunculus lingua*; — *Ranunculus acris*; — *Junius Cufonius*; — *Mentha aquatica*; — *Cirsium palustre*; — *Caltha palustris*; — *Equisetum palustre*.

CLOTURES. — Les herbages sont clos de haies vives. Ces haies poussent sur de larges talus, flanqués de part et d'autre d'un fossé.

Elles sont taillées tous les douze ou treize ans.

De grands arbres, tels que chênes, peupliers, ormeaux, etc.., y poussent au milieu des ronces, de l'épine noire, des églantiers et contribuent à former, en même temps qu'une excellente clôture, le meilleur des abris contre le soleil et les vents.

Quelques arbres dans un herbage ne sont pas inutiles, mais un trop grand nombre a l'inconvénient de diminuer la valeur nutritive de l'herbe et de rendre le bétail paresseux pendant les fortes chaleurs. Les haies sont percées de place en place d'ouvertures fermées par des barrières qui permettent de passer facilement d'un herbage dans l'autre.

Le système de fermeture des barrières est très ingénieux, très pratique et en même temps très simple. Il permet aux cavaliers libre accès dans tous les herbages sans mettre pied à terre.

Les barrières sont quelquefois remplacées par des lices. Mais, au lieu d'employer des lices coulantes, on les fixe à une extrémité et on les rend mobiles au moyen d'une charnière. Du côté où l'on veut ouvrir, on met dans le poteau des fers à T. Un espace vide est réservé pour le passage de la lice, et pour la maintenir on passe une tige de bois rectangulaire entre le poteau et les différentes barres.

Des clôtures en fils de fer ainsi que des grillages fixes ou mobiles divisent les herbages de grande étendue. Car avec des étendues supérieures à quinze hectares, on est obligé de réunir trop d'animaux et de provoquer par suite le gaspillage d'une plus forte quantité d'herbe, parce que le bétail court davantage dans les grands enclos que dans ceux qui sont relativement petits. Enfin, on est certain d'avoir une herbe beaucoup plus homogène en adoptant une étendue moyenne.

MARES ET ABREUVOIRS. — Les mares sont établies comme abreuvoirs dans tous les herbages qui ne se trouvent pas le long de la rivière ou des ruisseaux. Ces mares, de forme très variable, présentent toutes d'un côté une pente douce rendant l'accès facile aux bestiaux ; sur les autres côtés, la mare est limitée par des talus plantés de grands arbres, le saule est l'essence la plus communément employée à cet usage.

Là où une rivière existe, il suffit de former un petit barrage avec des lices et de donner au terrain une pente commode pour l'accès des animaux.

En général, dit Charles du Hays, les eaux sont belles et contiennent de notables quantités de chaux et de fer, circonstance à laquelle il faut attribuer la densité des os et des muscles des animaux élevés dans le Merlerault, la netteté de leurs membres, la vigueur, la longévité et la distinction dont ils sont toujours doués.

SOINS DONNÉS AUX HERBAGES. — Vu l'étendue considérable des herbages, les soins ne peuvent être très nombreux. En hiver, on étend les taupinières, qui abondent dans certaines années, on répare les clôtures en mauvais état. Au printemps, on roule les herbages qui ont été piétinés pendant l'hiver, dans le but d'aplanir les touffes de gazon.

Pendant l'été mais à des époques variables, on brûle les mauvaises herbes, puis on fauche le reste, et on répand du nitrate simplement sur les parties brûlées.

A cette époque, on procède aussi au fauchage des chardons. Plus tard on fauche les refus : cette opération favorise la pousse de l'herbe de l'année suivante et fournit, sur une étendue aussi grande, une quantité de fourrage encore considérable. Chaque année et à la même époque, on nettoie les abreuvoirs et on procède au curage des mares.

Quant aux ruisseaux et aux petits cours d'eau, on pratique cette opération lorsque le besoin s'en fait sentir.

MODE D'EXPLOITATION DES HERBAGES. — Les herbages sont fauchés ou pâturés.

Chaque année, on fauche de 40 à 50 hectares, dans un double but : 1° d'avoir du foin pour entretenir les animaux pendant l'hiver ; 2° parce que l'alternat du pâturage et du fauchage est regardé comme très favorable.

Les herbages n'étant pas tous de même qualité, il est difficile et même impossible de suivre un assolement. Les moins bons sont fauchés de préférence et reçoivent des superphosphates à la dose de 300 kilogr. par hectare, mais dosant 16-18 de PO^4H^3 (acide phosphorique).

On a essayé aussi l'année dernière les scories à la dose de 1,000 kilogr. par hectare. Elles ont donné de magnifiques résultats, surtout sur les terrains humides, au printemps dernier elles ont accusé leur présence dans le sol par une abondante quantité de trèfle blanc. On répand aussi du superphosphate sur les herbages nourrissant des animaux d'élevage.

Les meilleurs herbages sont réservés aux bœufs d'engrais. Ils ne reçoivent aucun engrais, mais les déjections solides et liquides rendent au sol une grande partie des éléments absorbés.

De plus, on sait que la dépaissance fatigue moins l'herbage que le fauchage, et que la production de la graisse épuise moins que la production du lait ou de jeunes animaux. Il faut aussi tenir compte de la consommation du tourteau, dont la moitié retourne à la terre sous forme d'engrais.

Il n'est donc nullement besoin de se préoccuper de fumer ces herbages ; nous reparlerons plus amplement de cette question dans le chapitre de la Restitution.

Confiner un certain nombre d'animaux dans les herbages pendant l'hiver est une mauvaise pratique usitée en Normandie et occasionnée par diverses raisons économiques, dont les principales sont : 1° la facilité d'acheter des bœufs dits « Trembleurs » à l'automne ; 2° l'absence de bâtiments.

Il est, en effet, reconnu que le piétinement des bœufs et surtout des chevaux fait des dégâts considérables dans les herbages toujours humides pendant l'hiver et retarde par suite la pousse de l'herbe au printemps, il nécessite par le fait même un roulage pendant le mois d'avril.

Aussi, M. Corbière n'a pas hésité à faire quelques dépenses pour rentrer la presque totalité des animaux pendant la mauvaise saison ; dépenses largement couvertes : 1° Par le rendement plus élevé des herbages ;

2° Par l'économie réalisée sur la nourriture ;

3° Par la production de fumier.

Cette pratique permet de donner aux animaux des aliments relativement bon marché que le transport et l'influence de la température ne permettent pas de distribuer dans les herbages.

LA POMMERAIE

Nous avons vu précédemment qu'une grande partie des terres ont été transformées en pâturages, lesquels ont été plantés de pommiers partout où le sol et le climat l'ont permis.

La culture du fruit est une conséquence naturelle de l'état de l'agriculture normande : état de transition passant de la production des choses nécessaires à la vie, telles que le blé, que d'autres pays peuvent fournir à meilleur marché, à celle de la viande, du lait, du fruit et autres produits de luxe, qu'une population aisée et prospère a les moyens de se payer.

Cette culture se poursuit à Nonant, comme dans les environs, d'après deux systèmes :

a). — Sur les pâturages plantés d'arbres à fruit de haut jet.

b). — Sur les terres qui sont régulièrement cultivées entre les rangs de différentes espèces d'arbres et buissons forestiers.

Le premier système est surtout adopté, pour la principale raison que les pâturages occupent la plus grande superficie du pays.

Près de 60 hectares du domaine de Nonant-le-Pin sont plantés d'arbres fruitiers, les pommiers au nombre de 2 à 3,000 en couvrent la plus grande partie. Certains herbages sont plantés depuis un grand nombre d'années, les arbres sont renouvelés régulièrement à mesure qu'ils meurent.

L'herbe qui croît au-dessous des pommiers est presque toujours consommée sur place, la fauchaison étant peu recommandable.

Jusqu'à l'année dernière, les jeunes plants étaient achetés non greffés et avaient environ 8 ans de pépinière ; le prix d'achat était de 2 francs. S'ils partaient bien on les greffait l'année suivante, ou au bout de 2 ou 3 ans, si la reprise avait eu lieu difficilement. Le sujet était coupé horizontalement à 2 mètres de hauteur, puis après avoir fait une fente verticalement, on mettait un greffon à chaque extrémité.

Aujourd'hui, on procède d'une toute autre façon ; on achète des plants greffés, de 7 ans de pépinière et à floraison tardive, en raison de la nature incertaine de la saison du printemps. Cette pratique a donné de très bons résultats dans un domaine voisin appartenant aussi à M. Corbière. Le sujet est acheté un peu plus cher, 3 fr. 50 en moyenne.

Les jeunes arbres sont soigneusement plantés à 10 mètres environ de distance, en carrés ou en quinconce, donnant ainsi de 80 à 100 pieds à l'hectare. Le jeune plant est entouré de bonne terre provenant en majeure partie des curures de fossés et cela sur 3 mètres de diamètre et 0m,50 de profondeur ; on répand au-dessus, de l'ajonc marin pour conserver au sol sa fraicheur. On a soin de garantir les arbres au moyen de défenses, placées autour du tronc, contre l'atteinte des bestiaux.

La défense la plus communément employée à Nonant est l'armature en fer très solide, mais qui a le défaut de revenir assez cher, 1 fr. 25 à 1 fr. 75. On a essayé cette année un nouveau genre d'armature : on entoure l'arbre d'un petit grillage mobile ne revenant qu'à 0 fr. 50 ; le résultat n'est pas encore connu.

Une fumure, consistant en marc de pommes, balayures de grenier, ou en curures de fossés, est appliquée tous les 5 ou 6 ans. On taille légèrement les jeunes plants, pendant les 2 ou 3 automnes qui suivent la transplantation, dans le but de constituer la tête de l'arbre.

Les soins sont peu nombreux, ils se réduisent à ceux-ci : Vérification des armatures, grattage de la mousse, application du mastic Lhomme-Lefort sur les chancres et à bêcher légèrement autour des pommiers.

De plus, les vieux arbres sont élagués avec précaution et on enlève soigneusement les branches mortes et le gui.

COUT DE LA PLANTATION. — Chaque arbre revient par le nouveau procédé de plantation à 7 francs environ, que l'on détaille de la manière suivante :

Achat de l'arbre	3 fr. 50		
Le trou revient à	0 75		
Frais de pose, charrois de terre et tuteur .	1 50		
Armature	1 25,	en grillage	0 fr. 50
TOTAL.	7 fr. »		6 fr. 25

L'hectare coûte donc à planter 560 à 700 francs, suivant le nombre d'arbres et la dépense annuelle nécessaire pour le maintien, la fumure, la taille se monte de 20 à 30 francs par hectare.

Et comme les arbres ne produisent pas dans le Merlerault avant l'âge de 20 ans, il faut compter le capital à engager de la façon suivante :

Coût de la plantation pour 80 arbres	560 fr.	
Entretien à 20 francs par an pendant 20 ans . .	400	
Intérêts composés à 3 °/o pendant 20 ans. . . .	300	environ.
TOTAL.	1,260 fr.	

Mais s'il faut attendre longtemps la première récolte des arbres plantés sur le domaine, ils produisent en revanche et presque sans aucun frais jusqu'à l'âge de 80 et même 100 ans.

Nous nous empressons de faire observer que ces chiffres sont très approximatifs, la marche à suivre étant seule indiquée.

Quant au rendement il est excessivement variable. On compte généralement sur 4 années : 1 bonne, 2 médiocres et 1 mauvaise. En bonne année le rendement par arbre peut s'élever de 2 barattées à 6 et même 8, c'est-à-dire à 4 hectolitres, suivant la force des arbres.

Mais nous ne pouvons établir le revenu exact des herbages plantés de pommiers vu l'excessive variabilité du rendement et du prix de vente des pommes.

Quant à la marche à suivre, elle est très simple, il suffit de mentionner d'un côté : l'intérêt du capital engagé, l'entretien des arbres et le coût de la main-d'œuvre pour récolter les pommes, plus la dépréciation que font subir les pommiers à l'herbe et de l'autre côté la valeur de la récolte.

La différence donne le bénéfice.

Le second système de culture des arbres fruitiers sur des terres en labour est peu recommandable, car les pommiers sont un obstacle à la bonne marche des instruments, brabants, herse, moissonneuse, etc., et partout où on peut s'en dispenser, il est préférable de ne pas pratiquer cette méthode.

Aussi, il n'y a pas eu depuis longtemps de nouvelles plantations sur les terres en labour du domaine, et le nombre des pommiers existant actuellement est seulement de 6 à 800.

LES CULTURES

L'étendue considérable occupée par les herbages semblerait nous interdire quelques réflexions sur le système cultural. Nous n'avons certes pas l'intention de faire choix d'un nouveau système, ni de détruire celui qui existe depuis un grand nombre d'années.

Le système herbager, en honneur à juste titre dans la contrée, répond bien aux conditions premières dont il dépend. En effet le climat séquanien doux et humide est éminemment favorable à la pousse de l'herbe. La nature des terres, avons-nous dit en parlant des herbages, se prête beaucoup plus à la production herbagère qu'à la culture des céréales.

De plus, elles sont aujourd'hui suffisamment fertiles pour permettre de se livrer aux différentes spéculations nécessitées par la consommation actuelle.

Mais il y a un point où le système exclusivement herbager ne semble pas répondre avec satisfaction. Nous voulons parler des conditions économiques qui doivent être la base de toute spéculation.

L'agriculture française subit depuis plusieurs années une crise qui, espérons-le, sera de courte durée ; la Normandie s'est jetée, comme les autres provinces, dans cette véritable lutte économique et elle peut en sortir victorieuse si elle se met au niveau des besoins de l'époque actuelle.

Il n'est nullement nécessaire de se rendre dans les pays herbagers pour savoir que le bétail gras est à vil prix, les plaintes sont trop nombreuses pour que nous ne les ayons pas encore entendues.

Il faut donc songer à se reporter sur d'autres branches moins ingrates ; mais malheureusement ce changement est trop brusque pour les fermes exclusivement composées d'herbages.

La nécessité des exploitations mixtes (1/3 ou au moins 1/4 en culture, le reste en herbages) semble donc s'imposer de plus en plus dans notre pays. Une ferme ainsi composée peut se défendre, faire de la laiterie, de l'engraissement, de l'élevage selon ses besoins. Chose absolument impossible au fermier qui n'a que des herbages et aucune nourriture pour l'hiver.

En effet, la nécessité de tout produire soi-même devient absolue de nos jours; une ferme ne devrait être obligée d'acheter, ni foin, ni paille, ni betteraves, ni avoine, à moins de circonstances particulières.

Aussi, la superficie des cultures, qui était seulement de douze à quinze hectares, il y a une dizaine d'années, est aujourd'hui d'environ soixante-dix hectares; cette surface augmente encore chaque année par suite de l'addition de terres en labour à celles déjà existantes.

Pour suffire complètement aux besoins du domaine, cent hectares de terre en culture ne seraient pas excessifs, comparativement à la surface occupée par les herbages.

Nous avons eu l'occasion de dire précédemment que les terres labourables étaient à l'origine très morcelées, elles le sont encore aujourd'hui, mais beaucoup moins par suite de certains rapprochements faits avec des pièces voisines appartenant à d'autres propriétaires.

Actuellement nous considérons les terres en labour comme un vaste potager dans lequel on fait produire intensivement toutes les denrées que réclame l'élevage d'un bétail d'élite.

Ces deux causes ajoutées à la superficie non limitée des cultures ne nous permettent pas de suivre actuellement un assolement régulier.

Nous allons donc donner en premier lieu la répartition des cultures de l'année 1903 et la description de chacune d'elles. Nous rechercherons ensuite l'assolement à adopter le jour où la superficie totale et la superficie partielle des pièces nous permettront de nous suffire largement sans avoir recours au dehors, sauf naturellement pour les engrais minéraux et les denrées artificielles.

RÉPARTITION DES CULTURES. — La surface cultivée en 1903, est de 68 hectares environ répartis de la façon suivante :

Blé d'hiver	13 hect.	»
Seigle	1	70
Avoine de printemps	20	28
Escourgeon	2	»
Orge de printemps	2	»
Prairies artificielles	7	80
Betteraves	6	50
Pommes de terre	0	79
Fourrages verts	9	50
Choux	1	»
Rutabagas	1	»
Navets et carottes	1	50
TOTAL	67 hect.	07

NATURE DU SOL. — La plus grande partie des terres labourables occupent le sud de la propriété et reposent sur la grande oolithe qui forme une large bande sur la rive gauche de la rivière.

La terre glaise constitue le sous-sol de cette région, l'eau ne peut s'écouler rapidement par suite de cet obstacle naturel ; le sol est donc froid, humide et très difficile à cultiver. Il faut choisir le moment opportun pour exécuter les labours, les hersages, etc... et on n'obtient pas toujours l'effet voulu.

Le drainage a amélioré sensiblement ces terres, il augmente en effet la température du sol et favorise la nitrification.

Plusieurs autres pièces de labour, reposant également sur un terrain de même nature, se trouvent soit sur la route du Merlerault, soit sur celle d'Alençon à Rouen. Mais elles sont cependant moins froides et moins humides ; plusieurs sont même à sous-sol très perméable et se dessèchent facilement ; aussi pendant les années sèches, donnent-elles de médiocres récoltes. Le calcaire y est assez abondant, les prairies artificielles y viennent très bien et se distinguent même par des rendements considérables.

Labours. — Généralement les labours ne dépassent pas la profondeur de $0^m,20$, la betterave seule bénéficie de $0^m,25$.

Le peu d'épaisseur de la terre végétale et l'état du sous-sol ne permettent pas de remuer un plus grand volume de terre. En quelques endroits les anciens drains se trouvent même soulevés par le passage de la charrue.

DESCRIPTION DES PLANTES CULTIVÉES. — Nous n'avons pas l'intention de faire de ce chapitre un cours d'agriculture pratique, mais simplement un aperçu de la culture sur le domaine de Nonant-le-Pin.

Nous nous bornerons à signaler les détails intéressants, trouvant inutile de mentionner toutes les façons culturales plus ou moins nombreuses suivant l'état du temps et de la terre, surtout que cette dernière très tenace exige à certaines époques de l'année des travaux extrêmement variables.

Avoine. — Cette céréale occupe une superficie considérable, comparativement à l'étendue totale des terres labourables. Son importance se justifie par l'énorme quantité de chevaux élevés dans le Merlerault. Quoique nos herbages ne poussent pas à la lymphe, le grain d'avoine est nécessaire pour donner l'énergie et la vigueur que réclament les poulains de sang.

Les fermiers désirant vendre leur avoine sont heureux de trouver un débouché facile dans les écuries d'entraînement, très nombreuses dans cette partie de la Normandie ; en effet, nous comptons, rien que pour Nonant et les deux ou trois pays environnants, plus de huit établissements et le nombre de chevaux entraînés dépasse la centaine.

La quantité d'avoine produite sur le domaine est suffisante pour la nourriture des poulinières et des poulains, mais elle ne permet pas de profiter de ce débouché avantageux.

La douceur du climat, en temps ordinaire, ne nous interdit pas la culture de l'avoine d'hiver, supérieure à celle de printemps pour le rendement en grain et en paille ; elle a de plus l'avantage de pouvoir être récoltée de bonne heure, le grain est aussi plus lourd, nous avons eu il y a quelques années une avoine pesant près de 57 kilogr. à l'hectolitre, mais le grain est quelquefois de qualité inférieure.

Nous cultivons l'avoine grise d'hiver, variété rustique, à forts rendements. La paille se distingue par sa haute taille ; quant au grain il est gros, lourd et pointu. Mais malheureusement cette variété, comme toutes les avoines d'hiver, est souvent prise par les hivers froids et humides; aussi les 6 hectares ensemencés en 1902, ont-ils subi l'influence fâcheuse de la température de l'hiver dernier, et nous ont obligé à faire un nouveau semis, mais l'avoine d'hiver a été remplacée par celle de printemps.

Il est important de signaler que l'avoine n'a pas gelé sur les endroits piétinés, il est donc aisé de tirer la conclusion suivante : Un léger roulage ou plutôt un croskillage, ou simplement le passage de l'émotteuse aurait donné un excellent résultat.

Cette avoine succède à une culture de blé, place fréquemment occupée par cette céréale dans les assolements, utilisant ainsi le reste de fumure; mais l'inconvénient de faire suivre deux céréales de suite est toujours regrettable.

Ne pouvant connaître à l'avance les influences atmosphériques, nous avons réservé une superficie de 14 hectares destinée à être ensemencée en avoine de printemps, moins prolifique en grain et en paille, mais nous permettant d'escompter plus sûrement la récolte.

Comme variété, nous préférons l'avoine noire de Touraine, le grain est beaucoup plus fourni et contient plus d'avenine. L'avoine de Brie n'a pas donné de magnifiques résultats, aussi a-t-on suspendu sa culture. L'avoine rouge et l'avoine grise de printemps sont cultivées sur une moins grande échelle : elles donnent cependant de bons rendements.

La première est très rustique et réussit à merveille, elle a, de plus, l'avantage de pouvoir être semée un mois à six semaines plus tard; le grain est assez lourd, l'hectolitre pesait l'année dernière près de 52 kilogr.; la paille se mange mieux que toute autre.

Une partie de la surface emblavée cette année en avoine de printemps était occupée l'année dernière par des betteraves. La récolte de ces racines s'étant faite tardivement, par suite du mauvais temps, on n'a pu effectuer le semis du blé. Cet accident arrive assez fréquemment; aussi doit-on s'efforcer de faire toujours suivre les racines par une céréale de printemps.

Une autre partie vient après choux et maïs fumés et trèfle incarnat. En somme l'avoine de printemps se trouve très bien placée cette année.

Le sol, abondamment fumé l'année dernière, est suffisamment pourvu d'azote; 300 kilogrammes de superphosphate répandus à l'automne fourniront l'acide phosphorique toujours en quantité insuffisante dans le fumier Dans les terres légères, où la verse n'est pas à craindre, nous avons appliqué 125 kilogr. de nitrate pour avoir davantage de paille.

Enfin, la dernière partie, un hectare et demi environ, destinée à recevoir du sainfoin, a été fumée.

Cette pratique n'est généralement pas recommandable, parce que la fumure directe provoque quelquefois la verse des céréales.

Blé. — Le blé occupe une place secondaire sur le domaine et en général dans toute la contrée. Tout en recherchant une grande quantité de paille dont le besoin se fait sentir intensivement, nous nous appliquons à produire abondamment un grain de bonne qualité nous permettant d'en tirer un excellent parti comme blé de semence; cette spéculation est extrêmement avantageuse en Normandie; il n'est pas rare, en effet, de voir payer les graines de semence 5 et 6 francs plus cher à l'hectolitre que les graines ordinaires.

Mais pour obtenir ces grains lourds, renflés, à écorce luisante, si estimés des agriculteurs, il est indispensable de faire subir à la semence certaines opérations, dont la plus importante est le triage. Ce travail entraîne une certaine dépense de main-d'œuvre, peu élevée cependant comparativement aux résultats obtenus.

Le triage d'un hectolitre de blé nous revient à 0 fr. 20; la dépense par hectare s'élève, tout frais compris : amortissement du trieur, intérêt du capital engagé, main-d'œuvre, etc... à 2 fr. 50 environ.

Les variétés cultivées sont : le blé de Bordeaux,
— de Saumur.
— de Dattel.
— le Japhet et le Bordier.

Tous réussissent très bien, nous avons essayé cette année le blé Briquet, mais il faut attendre la récolte prochaine pour connaître le résultat. Toutes ces variétés viennent après les plantes suivantes :

Huit hectares étaient occupés l'année dernière par de l'avoine de printemps faite après betteraves. L'inconvénient déjà cité pour l'avoine se reproduit ici ; nous avons deux plantes salissantes, et, de plus, la seconde a souvent besoin d'engrais complémentaires pour végéter normalement.

Une autre partie, ou quatre hectares et demi, vient après trèfle, vesce d'hiver et maïs. La troisième coupe du trèfle a été enfouie, cette succession est très favorable à la bonne réussite du blé. L'azote est en quantité considérable dans le sol et avec un supplément d'engrais de 300 à 400 kilogrammes, nous pouvons espérer des rendements considérables. De même que pour l'avoine, sur les terres où la verse n'est pas à craindre, nous avons répandu un peu de nitrate pour augmenter la quantité de paille.

Orge de printemps et escourgeon. — Nous désirons obtenir par la culture de cette céréale une abondante récolte de grains, permettant de fournir aux animaux une farine excellente et à un prix relativement peu élevé.

L'escourgeon cultivé sur deux hectares donne des rendements avantageux, mais malheureusement il est très sensible aux froids humides, peut-être moins cependant que l'avoine, car il a peu souffert de la température de l'hiver dernier.

L'orge de printemps donne des rendements moins élevés, mais on n'a pas à craindre de la voir brûlée par les froids rigoureux. Cette céréale vient après de l'avoine, des pommes de terre, du seigle, des féveroles.

Elle est mieux placée après les pommes de terre et les féveroles: cette partie a été abondamment fumée l'année dernière et la terre bien nettoyée par les travaux nécessités par les plantes sarclées est favorable à la culture de l'orge. Nous complétons la fumure par une distribution de 400 kilogrammes de superphosphate sur l'escourgeon et 300 sur l'orge de printemps. Nous n'employons pas de nitrate sur les orges, la tige est trop molle et l'excès d'azote pourrait occasionner la verse.

Nous cultivons l'escourgeon d'hiver, il réussit excessivement bien, et a donné l'année dernière une paille longue de 2 mètres. Pour le printemps nous préférons l'orge Chevalier, cette variété est très rustique et très prolifique, elle se distingue aussi par la longueur de ses épis et par une abondante quantité de paille.

Seigle. — Cette céréale est cultivée pour son grain et sa paille. Le grain de seigle bouilli constitue une excellente nourriture pour les chevaux, et en particulier pour les juments poulinières, auxquelles il donne de l'état, ou active la sécrétion laitière.

Sa paille, fine et longue, sert à la confection des liens. Nous en vendons même une certaine quantité à un prix très avantageux : 1 fr. 50 en moyenne la botte de 8 kilogr.

Nous ne le cultivons pas comme fourrage vert, il présente bien cependant le réel avantage de pouvoir être fauché de bonne heure, mais il durcit trop vite pour être communément employé.

Sa culture n'a rien de particulier à signaler. La variété cultivée est le seigle de pays, bien sélecté, il est préférable à d'autres variétés à rendements plus élevés, mais non acclimatées.

Betterave. — Cette racine, cultivée sur six hectares et demi, est destinée à la nourriture des jeunes taureaux et des jeunes béliers, aussi devons nous la produire excellente et abondante.

Nous arrivons à ce résultat avec des apports d'engrais considérables et par un éclaircissage favorisant plutôt la production de betteraves moins volumineuses, mais plus riches en matière sèche.

Pour obtenir des petites racines, nous observons un écartement de $0^{m},45$ à $0^{m},50$ entre les lignes et nous maintenons les betteraves à $0^{m},30$ les unes des autres. Les plants ainsi serrés se disputent les principes fertilisants, les betteraves restent petites, mais ce qu'elles perdent en poids, elles le gagnent en richesse.

Nous appliquons à l'automne une fumure de 70,000 kilogr., à laquelle on ajoute 600 kilogr. de superphosphate. Au printemps, nous répandrons 150 kilogr. de nitrate pour activer la végétation.

Les rendements semblent répondre aux sacrifices qu'impose cette culture, il n'est pas rare en effet de récolter en temps ordinaire 50 et 60,000 kilogr. à l'hectare. Malheureusement le froid a fait, l'année dernière, des ravages considérables dans notre sole de betteraves, la presque totalité a été gelée, nous avons suivi alors une pratique recommandée par plusieurs agriculteurs : nos racines récoltées ont été lavées, puis coupées en menus morceaux et ensilées avec de la balle. Le résultat a été excellent.

Les variétés cultivées sont : l'ovoïde des Barres, la blanche à collet vert et la rose du Nord.

La première est une betterave fourragère à gros rendement, mais elle contient une trop forte proportion d'eau pour être distribuée aux bêtes d'élevage.

Les deux autres sont des betteraves de distillerie à rendement plus faible, mais beaucoup plus riche en matière nutritive, à coefficient digestif beaucoup plus élevé et d'une conservation plus facile.

Pomme de terre. — Cette plante est cultivée sur une étendue trop restreinte pour faire l'objet d'une spéculation particulière, elle entre simplement dans la consommation personnelle.

La préparation du sol et la fumure sont les mêmes que pour la betterave. Le superphosphate est cependant répandu à plus faible dose, quant au nitrate, nous l'employons rarement sur les pommes de terre.

La plantation se fait à l'aide du brabant-bissoc, les tubercules sont déposés à $0^{m},70$ les uns des autres sur la ligne, l'espace réservé entre deux est également de $0^{m},70$.

Rien de particulier n'est à signaler pour le reste de la culture, sauf pour l'arrachage qui se fait à la main et à tâche. Nous ne pouvons en effet faire la dépense d'une arracheuse, que le peu d'importance de cette culture ne permettrait pas d'amortir assez rapidement.

Commme variétés, nous avons accordé notre préférence :

A la saucisse rouge ;
A la rose des Vosges ;
A l'Institut de Beauvais ;
Et à la géante bleue.

Ces variétés sont suffisamment connues, aussi n'entreprendrons-nous pas leur description. Les rendements sont assez avantageux, ils sont rarement inférieurs à 25,000 kilogr. en année ordinaire.

Féverole. — Nous cultivons cette plante, non pour le fourrage, mais pour la graine, dont les propriétés stimulantes sont bien connues. Elle convient surtout aux moutons de concours, dont elle augmente considérablement l'embonpoint.

Cette plante succède à une culture de blé, avec une fumure de 50.000 kilogr., 400 kilogr. de superphosphate et une terre bien ameublie, nous espérons avoir un magnifique rendement.

Nous cultivons la petite féverole de printemps, elle n'a donné jusqu'ici que de bons résultats.

Maïs. — Le maïs est cultivé comme fourrage vert sur une étendue d'un hectare et demi. Ce n'est certes pas un fourrage de qualité supérieure, mais il nous fait espérer du moins des rendements considérables.

Pour obtenir ce résultat, nous ne ménageons ni les engrais, ni les façons culturales. Une fumure de 60,000 kilogr. et un complément de 400 kilogr. de superphosphate doivent, avec une variété aussi productive que le maïs blanc dent de cheval, donner successivement des rendements rarement inférieurs à 100,000 kilogr.

Choux. — Le chou, cultivé sur une étendue d'un hectare, succède à une avoine de printemps. Il constitue un excellent et abondant fourrage vert pour l'arrière-saison.

La variété dite chou fourrager branchu, repiqué au mois de juin, à 0m,75 sur des lignes écartées de 0m,50, nous donne en effet plus de 80,000 kilogr. à l'hectare. Mais elle a l'inconvénient, comme toutes les variétés de choux, d'exiger une terre riche ou abondamment fumée. Aussi enterrons-nous une fumure de 60,000 kilogr. à laquelle nous ajoutons 600 kilogr. de superphosphate.

Avec cette quantité d'engrais et une terre bien ameublie, nous aurons certainement un magnifique rendement au mois de décembre prochain.

Rutabaga. — La perte, par suite de la gelée, de la presque totalité de notre dernière récolte de betteraves, nous a engagé à cultiver le rutabaga, plante essentiellement rustique pour le climat et pour le terrain.

L'étendue qui lui est consacrée est restreinte, mais c'est plutôt un essai que nous voulons faire, décidé à augmenter plus tard sa culture si les résultats obtenus sont satisfaisants.

Il vient après blé, nous avons donc eu tout le temps nécessaire pour fumer et préparer convenablement la terre. Sa culture est identique à celle de la betterave. Comme variété, nous avons choisi le rutabaga jaune.

Fourrages verts divers. — Ces fourrages comprennent les vesces d'hiver et de printemps, le sarrasin, la moutarde, le trèfle incarnat.

Ils constituent un très bon aliment pour les chevaux, les vaches et les moutons. Ils viennent presque tous après une culture de céréales : blé, orge, seigle ou avoine.

Il est surtout préférable de faire suivre cette dernière plante par le trèfle incarnat, parce que les grains d'avoine provenant de l'égrenage des épis au moment de la récolte repoussent et donnent de nouvelles tiges augmentant ainsi la valeur du fourrage.

Nous répandrons 300 kilogr. de superphosphate sur toute la surface emblavée en fourrages verts, le sarrasin reçoit de plus une fumure de 30,000 kilogr.

Les variétés cultivées sont les suivantes :

La vesce de pays ;
Le sarrasin argenté ;
Le trèfle rouge hâtif et le trèfle blanc tardif.

Toute la vesce n'est pas consommée en vert, une certaine partie est séchée et constitue une excellente nourriture pour les moutons pendant l'hiver.

La luzerne et le sainfoin occupent une superficie d'environ huit hectares, l'entretien de prairies artificielles semble être une anomalie dans un pays où les herbages couvrent la plus grande partie des terres. Mais les rendements considérables fournis par ces deux légumineuses nous permettent d'économiser une certaine quantité de notre foin.

Nous cultivons la luzerne de pays et le sainfoin de Bourgogne à deux coupes. La première plante est consommée en vert et en sec ; sous ce dernier état, elle nous a donné l'année dernière plus de 12,000 kilogr.

La seconde, moins productive, nous donne encore un rendement de 10,000 kilogr. à l'état sec.

ASSOLEMENT. — L'assolement est l'art de faire alterner les cultures sur le même terrain pour en tirer constamment le plus grand produit, aux moindres frais possibles.

Cette définition donnée par André Thouin, il y a une cinquantaine d'années, peut être reprise de nos jours avec encore plus d'intensité, car la crise économique actuelle fait sentir ses effets fâcheux jusque dans le fond des campagnes.

Nous ne voulons et ne pouvons davantage rechercher les causes influant sur cet état de choses, auquel les théoriciens semblent apporter remède en répandant partout leurs doctrines plus ou moins justes, mais comme étant toujours le fruit de leur laborieux travail.

Nous ne voulons pas non plus prouver avec ces théoriciens la nécessité presque absolue des assolements, le but de notre travail ne nous le permet pas, mais nous disons simplement, d'accord avec les praticiens, qu'exagérer l'importance d'un assolement serait absurde ou tout au moins imprudent, parce que le climat et mille causes diverses influent sensiblement et nous osons même dire journellement sur la direction culturale d'un domaine.

Ne nous étonnons donc pas de voir certaines exploitations lutter avantageusement contre les maux actuels tout en ne suivant pas un assolement régulier. Tel est le cas du domaine de Nonant-le-Pin.

Mais nous préférerions, pour faciliter la distribution des plantes, adopter cependant un assolement plus régulier que la succession actuellement en usage, tout en nous réservant le droit de changer l'ordre des cultures suivant les besoins.

C'est ce que nous espérons faire le jour où la surface des terres sera suffisamment grande pour se dispenser de recourir à l'extérieur pour pourvoir à la nourriture du bétail.

Pour le composer, il est nécessaire de connaître la quantité de plantes que nous voulons obtenir. Ceci est bien simple, nous connaissons les denrées cultivées actuellement, il suffit d'y ajouter celles qui sont achetées.

Nous sommes obligé, en effet, de faire venir tous les ans plusieurs centaines de mille kilogrammes de pulpes et plusieurs wagons de paille. Il faut donc augmenter la sole racines et la sole de blé, sans diminuer pour cela les autres cultures.

A première vue, l'assolement de quatre ans, dit du Norfolk, semble répondre à ce desideratum. M Corbière le préfère à tous les autres, car il a pu l'apprécier de très près dans une immense ferme anglaise de douze cents hectares de culture.

Nous ne pouvons mieux faire que de citer ici les avantages de ce choix judicieux.

Cet assolement est ainsi composé :

1re sole, Racines, tubercules et choux.
2e — Céréales de printemps.
3e — Trèfle et fourrages verts divers.
4e — Céréales d'automne.

La contenance des soles ne peut être connue actuellement, parce que nous ignorons complètement ce que sera la contenance totale des terres le jour où cet assolement sera adopté.

DISCUSSION. — La première sole est abondamment fumée et par les façons culturales dont elle jouit, l'orge et l'avoine de printemps qui viennent après sont dans des conditions éminemment favorables à leur bonne végétation.

Le trèfle et les fourrages verts divers qui succèdent à ces céréales réussissent encore parfaitement. Par suite de la riche végétation de ces fourrages et d'un supplément d'engrais, le blé ne peut donner que des rendements avantageux.

Au point de vue de la coordination des plantes, cet assolement ne laisse rien à désirer. Nous voyons en effet que les plantes qui précèdent peuvent être récoltées avant les semailles de celles qui suivent.

Le temps nécessaire pour opérer la récolte de notre première sole et exécuter les travaux nécessaires à la seconde est plus que suffisant et de plus nous n'avons pas à redouter les changements fréquents dans des terres où l'argile prédomine et où la préparation du sol est toujours retardée par les vicissitudes atmosphériques.

Les fourrages composant la troisième sole sont coupés en vert, et par suite permettent de faire toutes les façons nécessaires à la culture du blé.

Entre la récolte de cette dernière céréale et le semis de betteraves, la terre reste libre pendant un laps de temps suffisant non seulement pour effectuer le transport du fumier et les travaux nécessaires à la culture de la première sole, mais encore pour demander à la terre, s'il y a pénurie de fourrages, une récolte intercalaire de navets, semés sur chaume en août et récoltés au plus tard en décembre.

Nous avons donc cru préférable pour toutes les raisons énoncées précédemment de mettre l'avoine en deuxième sole et blé sur la quatrième, d'autant plus que cette dernière céréale donne d'excellents résultats après trèfle, quand le labour de défrichement est fait au moins trois semaines avant le semis du blé dans le but d'éviter le soulèvement de la terre.

Le sol est ainsi labouré tous les ans et fournit alternativement une récolte de céréales et une récolte de fourrages qui permettent de donner les fumures convenables.

Remarquons aussi que dans un assolement quadriennal une seule fumure est le plus souvent suffisante. De plus l'enfouissement de la dernière coupe de trèfle nous dispense de transporter des fumures aussi abondantes sur les terres éloignées de la ferme.

En somme cet assolement est de tout point préférable à la succession triennale suivie dans quelques exploitations de la région.

LES ANIMAUX DE TRAIT

Seule l'espèce chevaline contribue à l'exécution des divers travaux. Nous n'avons pas l'intention de revenir sur les avantages et les inconvénients de cette pratique, mais nous dirons cependant les raisons qui ont motivé la substitution des chevaux aux bœufs.

Il y a quelques années, les bœufs étaient employés sur le domaine comme animaux de trait, ils offraient au point de vue de l'économie d'incontestables avantages : économie sur le prix d'achat, nourriture, harnachement, amortissement peu élevé comparativement à celui du cheval. De plus ils convenaient admirablement à exécuter les durs labours qu'exigent les fortes terres de Nonant.

Mais l'emploi de ce moteur semblait une anomalie dans un pays où l'élevage du cheval est en honneur ; de plus le bœuf ne peut être employé seul et l'emploi simultané des bœufs et des chevaux n'est pas toujours pratique.

En effet, à certaines époques de l'année on était obligé de laisser les bœufs inactifs, d'où irrégularité dans le travail et par suite dans la nourriture

Mais la raison qui a influé le plus sur la suppression des bœufs est la suivante : ces animaux sujets à la fièvre aphteuse étaient le véhicule par excellence de cette maladie, circulant sur le domaine et dans les environs ils transportaient d'un lieu dans un autre les germes de ce terrible fléau.

Les chevaux sont donc atuellement les seuls animaux employés à la ferme de Nonant ; ils sont au nombre de dix, et de race percheronne pour la plupart.

L'effectif se compose de : 6 juments, 3 chevaux hongres, 1 cheval entier.

Depuis l'année dernière les juments sont affectées exclusivement au trait et ne sont plus employées à la reproduction. Cette pratique est préférable, vu la nature des terres et la difficulté des travaux à certains moments. Les juments pleines ne peuvent être impunément employées à tous les charrois et surtout en des mains plus ou moins habiles.

Il n'est donc plus nécessaire de consacrer un capital important à l'achat de juments de traits bien conformées susceptibles de transmettre leur qualité aux produits, aussi depuis quelque temps M. Corbière remonte son effectif avec des chevaux provenant de la réforme des écuries Félix Potin ; ils sont achetés un prix moyen de 250 francs, l'amortissement est presque nul et le travail fourni est identiquement le même que celui donné par des animaux de valeur plus élevée.

Le cheval entier est employé comme boute-en-train pour les poulinières de sang. On évite ainsi les déplacements fréquents qu'exige la présentation des juments.

LES SPÉCULATIONS ANIMALES

Si les agronomes du siècle dernier pouvaient revivre seulement un instant, ils seraient certes étonnés des modifications subies par les conditions économiques actuelles de l'exploitation du sol. Modifications produites d'une part par l'abaissement successif des prix de transport et de la cherté excessive de la main-d'œuvre qui ont obligé l'agriculteur français à lutter désavantageusement avec les producteurs du monde entier.

D'autre part la consommation croissante de la viande, et par suite le prix élevé du bétail ont contribué à renverser les modes de culture anciennement en usage et à détruire le vieux dicton professé partout : *Le Bétail est un mal nécessaire.* C'est alors qu'on a tourné les yeux vers les pays herbagers, producteurs de viande par excellence. Que de fortunes ont été faites avec ce bétail maigre acheté à vil prix et revendu aux consommateurs à des taux excessifs, souvent inabordables pour les gens peu aisés.

Aujourd'hui ces temps sont passés, le bétail maigre est hors de prix et le gras ne se vend plus. Seuls les pays essentiellement riches, comme la vallée d'Auge par exemple, peuvent supporter les débours de la crise actuelle, parce que la fertilité de leurs herbages leur permet d'engraisser des animaux supérieurs comme poids et comme qualité de viande.

Dans le Merlerault l'hiver est plus dur, l'herbe beaucoup plus courte, plus serrée, plus sèche, nos herbages sont moins précoces que dans le pays d'Auge, aussi nos bœufs sont-ils toujours inférieurs en qualité. En revanche nos chevaux sont incomparables, mais cela ne suffit pas ; le cheval ne peut être à lui seul l'objet d'une spéculation principale ; il fallait donc l'associer à d'autres espèces animales. Alors M. Corbière s'est dit ceci : *Puisque nos herbages ne peuvent produire de gros bœufs, pourquoi ne ferions-nous pas de l'élevage ?* Aussi des deux spéculations principales de la contrée : élevage du cheval et engraissement du bœuf, la première sera-t-elle conservée et la seconde considérablement diminuée.

Nous allons donc développer dans ce chapitre les avantages des changements apportés. Mais auparavant disons avec M. Desjouis, qu'un élevage hygiénique et économique doit consister à :

Produire le plus de têtes possibles.

Dans les meilleures conditions possibles.

Avec le moins de frais possible.

C'est dans cet ordre d'idées que les herbages ont été améliorés par des apports d'acide phosphorique élément essentiel de la vie, et que la surface des terres en cultures a été augmentée pour assurer aux animaux une alimentation copieuse en grains et en racines

Ajoutons à cela : *des bâtiments suffisants pour abriter le jeune bétail, des débouchés avantageux par suite de la proximité des grands centres de consommation, des relations nécessaires pour écouler la production au dehors, et enfin un important capital intellectuel et matériel constituant le puissant levier nécessité par toutes les considérations économiques précédemment énoncées.*

Pourquoi l'élevage du cheval a-t-il été maintenu? Ne subit-il pas lui aussi une crise? Et quels changements ont été apportés dans sa production?

Personne n'ignore que la première condition nécessitée par l'exploitation d'une espèce animale est de se trouver dans des conditions géologiques favorables à la production de cette espèce. Aussi, dit M. Charles du Hays, en parlant des herbages du Merlerault : « Ces herbes vives, énergiques et nutritives, les eaux saines et toniques, qui donnent aux os du volume et de la densité, poussent peu à la taille. Mais depuis le cheval nerveux et compact, depuis le cheval de selle fort et distingué, depuis le hunter solide et musculeux, jusqu'au cheval brillant de phaéton et au petit carrossier, le Merlerault ne redoute aucune rivalité. De plus nul pays mieux que lui ne convient à l'entretien des poulinières de race pure. » Mais aujourd'hui toutes ces variétés ont à peu près disparu par suite de diverses raisons économiques, et le trotteur de demi-sang a remplacé en somme le cheval de commerce dans notre contrée. Le Merlerault est en effet le berceau des magnifiques poulinières trotteuses ; aussi la production d'étalons est elle pratiquée en grand et laisse encore de beaux bénéfices, mais très souvent aléatoires.

La remonte et le commerce s'approprient les rebuts des écuries d'entraînement, c'est à-dire les chevaux de peu d'avenir tant comme étalon que comme cheval de course.

La race trotteuse, quoique non encore fixée, présente cependant un certain caractère d'homogénéité dans le Merlerault, elle se distingue par un degré de sang plus élevé, par suite de la constitution géologique du sol et l'alimentation à l'avoine, mais malheureusement elle se rapproche aujourd'hui d'un type plutôt trop léger, conséquence inévitable d'une longue sélection par les courses, et il est probable que plus nous irons, plus nous verrons triompher au poteau le trotteur affiné.

Aussi le caractère des achats d'étalons effectués l'année dernière portant comme instruction principale de diriger le choix des étalons de demi sang vers le type le plus proche du cheval de trait, nous atteint profondément. Si la vente des trotteurs comme étalons n'est pas rémunératrice, il n'y a plus d'issue, et en outre on ne trouvera plus chez les reproducteurs le degré de sang qui est malgré tout nécessaire.

De deux choses l'une, le trotteur disparaitra ou il ne sera plus qu'un animal de sport comme en Amérique, ou un jeu comme le pur-sang en France. L'Amérique a fait une race de trotteurs uniquement pour les courses, sans se préoccuper d'autre chose que de la vitesse. Elle est arrivée au maximum de vitesse, mais elle n'a pas soigné le modèle, elle ne trouve pas facilement parmi ses trotteurs de beaux chevaux de service et elle en achète actuellement chez nous.

Ce qui nous a donné un meilleur résultat au point de vue du modèle, c'est que notre élevage du demi-sang ne s'est pas occupé spécialement de faire du cheval de courses, mais de faire l'étalon carrossier, dont le prix de vente est rémunérateur. Car en notre siècle d'automobiles un seul cheval peut sauver l'éleveur, celui de grand luxe, et pour avoir ce titre il lui faut le modèle, la force et l'allure.

« L'heure approche donc, *s'écrie M. Baume, rédacteur à la* France Chevaline, où il sera urgent d'unir le beau cheval et le cheval vite, par les liens de l'intérêt bien entendu ; si on ne le fait pas on risque de voir se scinder l'élevage du demi-sang. Quelques grandes maisons feraient seules le cheval de courses, et le plus petit élevage se préoccuperait seulement du cheval carrossier pour les haras et le commerce. Or il y a intérêt, je crois, au point de vue de l'amélioration générale de l'espèce et des remontes, que l'on s'efforce de faire le beau cheval vite, pour cela il est important de récompenser le beau cheval entraîné, même quand il n'est pas le plus heureux en courses. » Nous arriverons à ce résultat par une sélection rigoureuse et par un choix approprié des reproducteurs des deux sexes, car si le père joue un rôle important, il n'est pas le seul responsable de la conformation du produit.

Aussi, a-t-on réuni à Nonant-le-Pin quatorze poulinières trotteuses, dont l'origine et la conformation laissent très peu à désirer ; on leur fait encore subir une sélection sévère et les moins bonnes sont souvent réformées. Quant à l'accouplement, qu'il nous suffise de dire que les lois de l'appareillement sont toujours observées.

Nous avons préféré la première méthode des trois employées dans la création du trotteur, c'est-à-dire que nous voulons obtenir le produit de deux trotteurs, et ne pas recourir à l'emploi du pur-sang ; nous plaçons ainsi en première ligne les qualités héréditaires qui présentent à l'éleveur toutes les garanties possibles de succès. Nos poulinières du Merlerault ont suffisamment de sang, et de plus nous n'admettons pas qu'un trotteur se soit distingué sur le turf sans qu'on retrouve dans son origine l'influence du sang.

Ces poulinières trotteuses se trouvent assez facilement, mais à des prix relativement élevés. Il est préférable, croyons-nous, d'avoir un effectif moins considérable mais de qualité supérieure ; car les frais de nourriture, d'entretien, de personnel, etc., sont à peu près les mêmes pour une jument de bonne origine ou une jument médiocre. Si nous ajoutons à cela les primes que peut obtenir une bête bien conformée, et l'espérance de voir les produits entrer dans les écuries des haras, *on se rallie vite du côté des éleveurs pratiques qui ont diminué le nombre de leurs poulinières pour en augmenter la qualité.*

Personne n'ignore que l'on ne peut réaliser des bénéfices en produisant des chevaux destinés à la remonte, et payés à des prix de 1,000 à 1,200 francs.

Il faut chercher aujourd'hui, aussi bien dans l'espèce chevaline que dans les autres espèces animales, à se distinguer par une production supérieure, toujours recherchée, même lorsqu'elle est incapable de faire des reproducteurs.

Mais, nous direz-vous, si tout le monde se met à produire cette catégorie d'animaux, la production dépassera bientôt la consommation ; nous ne le pensons pas, car la sélection et le choix judicieux seront encore plus rigoureux et nous arriverons ainsi pour nos races animales à la tête de toutes les puissances. C'est le but que nous voulons atteindre et espérons que notre tâche sera facilitée par le Syndicat général des éleveurs de France qui va prochainement se constituer.

Permettez-nous de vous présenter un simple calcul prouvant l'efficacité de ce que nous venons d'énoncer.

Prenons un éleveur désirant mettre un capital de 12,000 francs dans l'achat de poulinières. D'un côté il se procurera trois trotteuses à 4,000 francs et de l'autre : dix juments de 1,200 francs, des bêtes qui pourront être excellentes sous tous rapports, mais dont l'origine ne permettra pas de vendre les produits avantageusement.

Nous comptons pour ces dernières une dépense de :

Intérêt de la valeur de la bête à 3 0/0 et amortissement.	136 fr.
Saillie.	15
Nourriture : à l'herbage et à l'écurie	300
Part des frais généraux	50
TOTAL.	501 fr.

et pour dix juments : 5,000 francs environ ; la moyenne des naissances dépassant rarement 60 0/0, un poulain de six mois reviendra à $\frac{5,000}{6} = 830$ fr.

Posons simplement cette question : *Est-on toujours certain de vendre ce poulain huit cent trente francs?* L'éleveur pratique répondra souvent négativement. Ce même poulain, qui peut encore donner quelques bénéfices à six mois, mettra certainement son éleveur en perte s'il est conservé pour être vendu à la remonte à l'âge de trois ans et demi.

Pour les poulinières trotteuses calculons la dépense de la manière suivante :

Intérêt de la valeur de la bête et amortissement. . . .	500 fr.
Saillie et frais de saillie.	100
Nourriture	400
Part des frais généraux.	50
TOTAL. . . .	1,050 fr.

et pour trois juments : $1,050 \times 3 = 3,150$ fr. ; avec un effectif peu considérable on peut obtenir une moyenne de naissances plus élevée, mettons donc deux produits par an.

Ici les poulains ont besoin d'un supplément de nourriture à partir de deux mois, soit en plus une dépense de 50 ou 100 francs pour les deux ; la dépense totale est donc de 3,250 francs, et pour chaque : $\frac{3,250}{2} = 1,625$ francs.

Les produits issus d'étalons et de poulinières trotteurs bien conformés sont couramment vendus 2,500 et même 3,000 francs, et quelquefois davantage.

A 2,000 francs le bénéfice serait encore de 375 francs, ce qui est assez joli.

Nous n'avons pas compté au crédit de la jument les primes qu'elle peut obtenir, primes dont le montant s'élève à 5 et 600 francs pour les juments supérieures.

Ces chiffres sont établis pour notre contrée, car il ne faudrait pas se baser sur ces calculs pour vouloir se livrer partout à l'élevage du trotteur ; au reste les conditions économiques ne le permettraient pas.

Elevons donc l'étalon dans le Merlerault, puisque nous le pouvons, et laissons à d'autres pays, comme la Manche par exemple, le soin de fournir à notre armée le cheval qui lui est nécessaire.

En plus des 14 poulinières de demi-sang, M. Corbière possède en association 12 poulinières de pur-sang.

Quant aux produits ils sont pour la plupart vendus sous la mère. Seules, les pouliches de demi-sang sont conservées. « Car c'est par la division de l'élevage et par un roulement continuel, dit le commandant Stiegelmann, que le producteur a le plus de chances de succès. Comme les poulains s'élèvent à peu de frais à côté de la mère, ils constituent à la vente, au sevrage, un bénéfice clair, et le producteur qui n'a pas à s'occuper de leur avenir, s'exempte de la sorte de tout souci. » Mais on a soin de se réserver un tant pour cent sur le montant des courses que le cheval peut gagner, on s'intéresse ainsi aux produits de son élevage.

L'*Ure*, demi-sang trotteur, gagnante du prix de l'élevage 1901, appartenant à M. Corbière.

Nous préférons conserver les pouliches, parce que les femelles n'ont de valeur que si elles sont classées trotteuses, et pour avoir cette désignation elles doivent trotter le kilomètre en :

1 minute 48 secondes à 3 ans,
1 46 à 4 ans,
1 44 à 5 ans,

pour avoir droit à la première catégorie d'étalons (1). Et en moins de 1' 40" pour obtenir la saillie *du célèbre Fuschia*, le roi des étalons trotteurs, dont les produits atteignent souvent des prix très élevés ; nous avons vendu il y a deux ans un de ses poulains âgé de six mois pour la jolie somme de 10.000 francs.

L'entraînement des pouliches commence à deux ans et demi ; après deux années de courses nous préférons les faire revenir au Haras, et nous sommes

(1) Pour le Haras du Pin.

évidemment dans une communauté d'idées avec M. Baume quand il s'exprime ainsi : « Il est bien avéré que si les courses sont des criteriums à peu près indispensables pour l'étalon, il serait dangereux d'étendre l'obligation des épreuves aux mères. La plupart du temps une longue carrière de courses ne fait qu'abîmer les femelles au point de vue de la reproduction. L'entraînement leur retrousse le flanc, leur resserre les côtes, en un mot diminue l'élasticité de l'abdomen, siège futur de la parturition. Une jument qui a eu le flanc retroussé par l'entraînement durant plusieurs années porte difficilement son poulain. Elle n'a pas le bassin qui convient aux mères. »

Ces pouliches sont donc présentées à l'étalon à l'âge de cinq ans. On ne peut compter avec certitude sur la saillie de tel ou tel cheval qu'on a choisi avec soin, car si les inscriptions dépassent le nombre de cartes attribuées à chaque étalon, il sera procédé à un tirage au sort, aussi doit-on toujours étudier l'appareillement avec plusieurs étalons, de façon à pouvoir réinscrire une poulinière sur un autre cheval, dans le cas où elle ne sortirait pas pour l'étalon demandé.

Il arrive très souvent que le procréateur choisi se trouve en dépôt dans une station éloignée, on est alors obligé d'envoyer la jument en pension chez un propriétaire habitant à proximité de cette station. Ce déplacement occasionne des frais assez considérables, on prend généralement 3 fr. 50 par jour pour les juments suitées et 3 francs pour les non suitées ; le transport par chemin de fer est peu élevé, car les poulinières et poulains sont soumis à un tarif spécial.

Ici se pose naturellement la question des responsabilités incombant à l'herbager qui reçoit des juments en pension ; je ne pourrai mieux faire que de citer l'opinion de M. Corbière, exprimée dans une lettre adressée à la *France chevaline*, dont voici la copie textuelle :

« *Il n'existe à ma connaissance aucune jurisprudence spéciale concernant les responsabilités en cas d'accidents survenus à des juments poulinières pendant leur séjour chez un herbager.*

« *A mon avis, à moins de faute lourde de la part de la personne qui prend des chevaux en pension, il ne doit rien lui être réclamé en cas d'accident. Existerait-il un herbager assez fou pour s'exposer à payer 10, 15 ou 20,000 francs peut-être, valeur de certaines poulinières, dans l'unique espoir de s'assurer le léger bénéfice que peut donner une jument de pension pendant les quelques semaines que dure le déplacement pour la monte ?*

« *Il n'y a aucune proportion possible, vu le faible profit que laisse la pension d'une poulinière. Vous n'ignorez pas en effet que la plupart des juments arrivent en pension dès le début de la monte. A cette saison il n'y a jamais d'herbe encore.*

« *Il faut à la jument un box, une nourriture dispendieuse, des soins coûteux. En mars et avril les chevaux défoncent et abîment considérablement les prés toujours humides à cette époque de l'année. Cet inconvénient grave est si bien reconnu que la grande majorité des herbagers refuse formellement de prendre des chevaux en pension.*

« *Le premier devoir du propriétaire qui désire mettre une jument en pension pour la saison de monte est de prendre des renseignements sérieux sur la personne à qui il confie sa bête. C'est ainsi que je procède pour les juments que j'envoie à des étalons éloignés de mon exploitation.*

« *Il ne m'est jamais venu à l'esprit de faire la moindre observation à un herbager au sujet d'une anicroche quelconque survenue à une de mes juments. Quel est l'éleveur qui, malgré tous ses soins, n'a jamais eu d'accident chez lui ?*

« *En dehors de la faute grave, telle que celle de ne pas avoir déferré une jument avant de la lâcher avec d'autres chevaux qu'elle ne connaît pas, l'herbager ne doit être rendu responsable d'aucun accident qui ne provient pas réellement de sa négligence ou de son incurie.*

« *Tout propriétaire qui lui chercherait querelle pour un de ces petits accidents impossibles à prévoir serait un grincheux et un homme de mauvaise foi.* »

SPÉCULATION BOVINE. — Nous avons parlé suffisamment de l'importance du milieu économique dans lequel on se trouve lorsqu'on se livre à l'étude d'une spéculation animale. On doit tenir compte en effet du sol, des débouchés et enfin du bénéfice net.

Notre sol, avons-nous dit à plusieurs reprises, ne convient nullement à l'engraissement de gros animaux, seule source de bénéfices aujourd'hui, sauf évidemment pour certains herbages situés sur les meilleurs fonds.

Nous avons dit aussi, d'autre part, que l'acide phosphorique y était assez abondant pour se livrer à l'élevage.

Il nous reste donc à examiner les débouchés et le bénéfice net. Nos débouchés sont on ne peut plus avantageux, car très peu d'agriculteurs de la contrée se livrent à l'élevage des bovins. Nous trouverons ainsi un écoulement facile pour nos taureaux et nos génisses.

Quant aux veaux non destinés à la reproduction, ils seront castrés et engraissés sur les meilleurs herbages du domaine.

Mais on pourrait objecter ceci : si on élève des veaux pour les engraisser, on ne peut profiter des marchés quelquefois avantageux que l'on peut faire certaines années ! Evidemment ; mais, d'autre part, nous ne sommes pas à la merci des vendeurs lorsque la cherté du bétail est excessive, et, de plus, nous ne sommes pas obligés de courir toutes les foires pour compléter l'effectif de nos animaux au moment de la mise à l'herbe.

Nous avons un contrat passé avec deux fermes du Vexin (Eure), pour la livraison de tous les veaux mâles et quelques femelles à l'âge de huit jours et pour le prix de 25 francs ; le transport et le retour de la caisse nous mettent le jeune animal à 36 fr. 50 rendu à Nonant.

Se basant sur ce principe de zootechnie : *que tous les produits issus du croisement de deux races même rebelles à l'engraissement sont beaucoup plus aptes à prendre la graisse.*

M. Corbière s'était engagé à fournir gratuitement à plusieurs fermes laitières un taureau d'une race anglaise de boucherie ; il se réservait ainsi les veaux qui auraient certes donné des bœufs à rendement en viande beaucoup plus élevé.

Malheureusement les propriétaires en relation avec M. Corbière ont répondu par la négative, sous prétexte que, se livrant à la production du lait, ils préféraient conserver leurs génisses et perpétuer ainsi les qualités laitières de la race adoptée chez eux.

Nous en sommes donc réduits à élever, comme par le passé, des bêtes de race française, mais pour la plupart de race normande.

Ne pouvant entretenir de jeunes veaux sans une certaine quantité de lait, l'établissement d'une vacherie s'est imposé, un bâtiment spécial fut élevé et un certain nombre de vaches bien conformées et choisies parmi les meilleures laitières en prirent possession, voulant ainsi, comme pour les autres espèces animales, produire des bêtes supérieures.

Les taureaux, toujours achetés parmi les primés du concours de Paris, sont évidemment inscrits au Herd-book ainsi que les femelles.

Les produits supportent une sélection très sévère ; à un an, les veaux reconnus aptes à faire des reproducteurs sont soumis à un régime spécial et vendus à 12 ou 14 mois environ à un prix variant de 400 à 500 francs, les autres sont castrés.

A deux ans, les génisses sont mises au taureau et vendues quelques mois après comme bêtes amouillantes ; les meilleures sont conservées pour la réforme de notre vacherie. Le prix de vente oscille entre 400 et 450 francs et même 500 francs.

Les bœufs âgés de deux ans, de peu d'avenir pour la boucherie, sont mis à l'herbe et poussés au tourteau ; ils partent pour la Villette à l'automne. Les autres sont engraissés l'année suivante.

Jusqu'ici, nous n'avons pas encore examiné la troisième condition, c'est-à-dire le bénéfice net. Malheureusement notre comptabilité en partie simple ne nous permet pas de connaître exactement l'économie réalisée.

Mais M. Corbière sait très bien, par l'inventaire et l'état de la caisse, que cette spéculation est, dans les conditions où nous sommes placés, beaucoup plus avantageuse que l'engraissement des bœufs. Nous montrerons cependant, en parlant de la comptabilité, que nous pouvons arriver, en réunissant les divers renseignements fournis par les livres de dépenses, le livre de vacherie, etc... à trouver approximativement le prix de revient d'un animal.

On peut, à la rigueur, se rendre compte de l'avantage sensible de notre nouvelle pratique, car aucun agriculteur n'ignore que l'élevage des reproducteurs, à moins de dépenses excessives, laisse toujours de beaux bénéfices, et, d'autre part, la cherté du bétail maigre nous permet *de cumuler et les bénéfices de l'éleveur, et les bénéfices de l'engraisseur.*

La division dans l'élevage, recommandée pour les chevaux, n'est pas une nécessité pour les bovins, parce que ces derniers représentent une valeur beaucoup moins élevée et par suite des risques moins considérables.

SPÉCULATION OVINE. — 1° Elevage de reproducteurs. — L'augmentation des terres en culture permettant d'escompter des nourritures pour l'hiver, a décidé M. Corbière à entreprendre la production de béliers.

Mais il fallait choisir une race, et tout le monde sait qu'il est difficile de se faire une clientèle en élevant un mouton déjà très répandu parmi les éleveurs.

Profitant alors du reproche adressé au southdown, reproche motivé par sa taille plutôt petite, M. Corbière a ramené de son stage en Angleterre une race ayant beaucoup d'analogie avec le southdown, mais en différant par une taille supérieure.

Le southdown donne cependant une viande de première qualité, il est, de plus, rustique, précoce et s'engraisse facilement ; mais partant de ce principe *que les petites races mangent davantage proportionnellement aux grandes, qu'elles exigent de plus le même entretien et le même personnel, le bénéfice doit nécessairement être moins élevé.*

Les bouchers préfèrent bien les petits moutons, mais malheureusement ils ne les paient pas beaucoup plus cher.

Voilà donc pourquoi l'oxfordown élevé sur le domaine de Nonant-le-Pin est appelé à prendre de l'extension et à se répandre un peu partout.

Donnons ses caractères pour montrer sa très grande ressemblance avec le southdown.

Disons d'abord que cette race a été créée, il y a environ un demi-siècle, par plusieurs grands éleveurs anglais, dans le but d'y perpétuer les qualités obtenues par le croisement d'une seule génération, c'est-à-dire le poids des races à laine longue, combiné avec la qualité de chair des races Downs.

Une nouvelle race est désormais fixée d'une manière indélébile, et on peut dire qu'elle possède une grande uniformité de caractères avec une forte et robuste constitution, un grand développement de taille, l'aptitude à l'engraissement précoce, une viande de qualité supérieure et une lourde et épaisse toison.

Les points caractéristiques de la race oxfordown sont les suivants : une bonne couleur brun foncé, la tête bien recouverte de laine avec une touffe pendante sur le front, une bonne toison épaisse sur la peau et pas trop frisée, un corps bien arrondi et bien conformé, campé sur quatre jambes courtes d'une couleur brun foncé (ni grises, ni tachetées de blanc).

Bélier oxfordown.

La chair est ferme et de bonne qualité.

L'oxfordown ressemble donc beaucoup au southdown, à part quelques petits détails ; la taille est le principal caractère qui différencie ces deux races.

Le gigot est cependant moins bien fait que dans le southdown, aussi sommes-nous obligés de faire une sélection rigoureuse parmi nos béliers et nos brebis.

Seuls les animaux présentant cette partie bien développée sont conservés, et nous sommes arrivés ainsi à produire un nombre de béliers relativement considérable et que nous vendons à un prix moyen de 300 francs à l'âge d'un an.

Plusieurs éleveurs ayant organisé dernièrement une vente au Tattersall Chéri à Paris, *les dix béliers oxfordown envoyés par M. Corbière ont réalisé 3,300 francs, ou 330 francs pièce.*

Cette valeur donnée à des béliers d'un an, montre déjà l'influence que l'oxfordown est appelé à exercer comme animal de croisement avec nos races françaises et même avec le southdown (1). Actuellement ses produits sont

(1) Pour éviter le croisement trop brusque entre des animaux d'une taille très différente, nous choisissons parmi les béliers les mieux faits et les plus soutenus dans leurs formes,

vendus comme dérivés de la race southdown, mais ils atteignent un poids plus élevé.

Les succès de la bergerie de Nonant-le Pin ont été rendus plus éclatants par *quatre premiers prix obtenus trois années de suite au concours de Paris*, plus *le prix d'ensemble à Nantes, 1901 et à Laval, 1902*, battant les southdown et les dishley.

Pratique suivie a Nonant-le-Pin pour l'élevage des béliers.

Les brebis agnèlent une fois par an, la pratique employée par certains éleveurs de faire agneler les brebis deux fois par an n'est pas recommandable, elle est trop épuisante pour la constitution des brebis mères.

Aussitôt que les agneaux sont sevrés en été, les brebis subissent une rigoureuse inspection : toutes celles qui manifestent le moindre signe de faiblesse, soit à cause de l'âge ou de toute autre incapacité, sont retirées du troupeau et mises sur les herbages avec les moutons de boucherie.

Nous ne retenons ainsi aucun animal de faible tempérament ou montrant le moindre symptôme de maladie ou ayant des défauts de conformation.

Les agnelles ne sont pas saillies avant 18 mois, de cette manière l'agnelage a lieu un peu avant l'âge de 2 ans, plus jeunes, elles subiraient un arrêt dans le développement de leurs formes.

Quant aux béliers, ceux employés de préférence sont âgés d'un an et demi ; on emploie aussi des béliers plus âgés, mais ce sont des animaux d'une conformation exceptionnelle et des lauréats de concours.

Pendant deux ou trois semaines avant la monte et quelque temps après la fécondation, on a soin de surexciter les brebis par un régime abondant et échauffant : avoine, etc.

Ayant en vue la continuation d'un bon troupeau d'élevage et surtout la production de béliers, la sélection et l'appareillement des reproducteurs mâles et femelles se fait avec le plus grand soin, selon les défauts ou les qualités de chacun, de manière à perpétuer celles-ci et à corriger ceux-là.

Disposant pour le mois de février d'une bonne provision de nourriture, avec des abris suffisants, pour parer aux exigences de l'agnelage à cette époque de l'année, il n'y a pas d'inconvénient à ce que la saison de monte commence au 1er septembre.

Nous donnons 40 brebis aux jeunes béliers et 50 aux plus âgés. Le berger a soin de frotter le dessous des béliers avec un mélange d'ocre et d'huile siccative, de manière à indiquer au moyen de la tache laissée sur leur dos, les brebis qui ont été saillies.

Pour se rendre compte de l'époque probable de l'agnelage, on change les couleurs de l'ocre : jaune une semaine, bleu une autre et rouge une autre.

Les brebis agnèlent donc au mois de février ; pour faciliter la distribution des nourritures on les divise en 3 sections : les brebis qui ont donné deux agneaux, les brebis à un agneau et celles qui ont avorté ou étaient vides.

La tonte principale a lieu au mois de juin.

Quant aux animaux de concours, on pratique cette opération plusieurs fois par an, et toujours deux jours avant le concours.

et non les plus grands. Nous avons ainsi un animal intermédiaire entre l'oxfordown, élevé en Angleterre, qui est énorme, et le southdown.

Plusieurs éleveurs de southdown nous ont acheté, cette année, des béliers oxfordown pour obtenir des produits ayant un peu plus de taille.

Les agneaux sont sevrés au mois d'août ; un mois après on fait la sélection des mâles et femelles. Plus de la moitié des agnelles se trouvent ainsi réformées et sont vendues avec les animaux de boucherie; celles qui restent passent l'hiver à part, et l'année suivante au mois de septembre elles sont mises au bélier.

La sélection des agneaux mâles se fait en deux fois ; on en réforme une partie au mois de septembre, et au milieu de l'hiver, ceux qui ne semblent pas répondre à toutes les qualités exigées pour un reproducteur sont exclus du troupeau.

Il va sans dire que les agneaux conservés sont soumis à un régime spécial et préparés à la vente pour le printemps suivant.

A cette époque, on choisit dans le lot de béliers, les mieux racés pour en faire des animaux de concours, on fait de même pour les agnelles et pour les brebis.

Tous les béliers ne sont pas vendus, nous en réservons quelques-uns pour le service de la bergerie et pour la location à raison de 125 francs par mois.

Pour ce qui concerne la nourriture, nous en parlerons au chapitre de l'alimentation.

2° **Engraissement du mouton.** — Cette spéculation entreprise depuis quelques années donne des résultats satisfaisants. Le mouton est peu répandu en Normandie, aussi sa viande n'est-elle pas à bon marché : M. Corbière a l'intention d'en mettre près de mille à l'herbe cette année.

Ils sont achetés au mois de juin ; ce sont pour la plupart des agneaux d'un poids de 25 kilogr. en moyenne ; le prix d'achat oscille entre 22 et 28 francs (1).

Les croisés anglais-berrichons sont préférés ; mis sur les herbages à cette époque le piétin n'est pas à craindre, d'autant plus que nos moutons ne rentrant jamais évitent ainsi cette terrible maladie, produite très souvent par le passage dans les lieux humides pendant le jour et par la fermentation du fumier à la bergerie pendant la nuit.

Les herbages réservés aux moutons ne sont évidemment pas les plus plantureux, car ces animaux enlèvent avec leur museau étroit bon nombre de légumineuses et de graminées

Les moutons ne sont, en aucun cas, mélangés aux bœufs, ni aux vaches laitières. Mais comme ils ne doivent à eux seuls occuper tout un herbage, on leur ajoute un certain nombre de bouvards.

Nous mettons dix moutons pour remplacer une tête de gros bétail.

Ils sont vendus vers le mois d'octobre ; l'engraissement se fait donc pendant quatre mois environ, et, pendant ce laps de temps, ils gagnent une quinzaine de kilogrammes.

L'écart entre le prix de vente et le prix d'achat est aussi d'une quinzaine de francs.

Dix moutons donnent donc un bénéfice brut de 150 francs : un bœuf engraissé sur le domaine est loin de donner un écart semblable (Voir bœuf d'engrais : alimentation).

(1) M. Corbière se propose d'acheter cette année des moutons un peu plus âgés et par conséquent d'un poids supérieur.

Les uns et les autres reçoivent du tourteau ; la dépense de nourriture est donc identique.

Aussi M. Corbière se propose de supprimer de nouveau une partie des bœufs et d'engraisser un nombre plus considérable de moutons ; mais au lieu de les vendre au mois d'octobre, il les conservera, si ses cultures le lui permettent, deux ou trois mois de plus pour les finir à la bergerie.

Aux mois de janvier et février, le mouton est hors de prix en Normandie ; il n'est pas rare en effet de le vendre à la livre 0 fr. 20 à 0 fr. 30 plus cher.

Les débouchés ne nous manquent donc pas pour écouler nos moutons d'autant plus que l'île de Jersey, grande consommatrice de viande, ne se trouve pas à une distance trop éloignée pour ne pas se permettre d'y exporter le surcroît de notre production.

AUTRES SPÉCULATIONS : 1° Vente d'une certaine quantité de lait à 0 fr. 20 le litre pris à la ferme.

Cette spéculation serait largement rémunératrice si elle pouvait être entreprise en grand.

2° Vente de graines de semence.

3° Vente des pommes lorsqu'elles sont chères, dans le cas contraire nous nous résignons à faire du cidre.

LE TRAITEMENT DU BÉTAIL

L'action des reproducteurs sur le produit à naître, quoique très importante, n'est que passagère ; son influence prédominante sur le jeune animal, dit Crevat dans son ouvrage sur l'*Alimentation rationnelle du Bétail*, s'efface de plus en plus pendant la croissance, par suite de l'action prolongée et continue des agents extérieurs et de l'exercice.

Les reproducteurs, continue le même auteur, ne donnent aux produits que la possibilité, la prédisposition à devenir semblables à eux-mêmes, avec le concours favorable des autres causes modificatrices, dont la plus importante est certainement l'influence de l'alimentation.

Pour Mathieu de Dombasle, les races sont le produit exclusif de l'alimentation, elles demeurent stationnaires, s'améliorent ou dégénèrent en raison de la situation immobile, progressive ou rétrograde de l'agriculture.

Il est donc très important de composer une bonne ration alimentaire. Cette ration peut être productive, suivant qu'elle fera rendre à l'animal le plus de produits ; économique, suivant qu'elle donnera le plus de bénéfice net, et normale, suivant qu'elle présentera une juste proportion dans les principes alimentaires.

Nous nous proposons donc d'étudier dans ce chapitre le traitement du bétail, et plus en particulier les rations au point de vue des trois cas que nous venons d'énoncer.

Nous tiendrons évidemment compte :

1° De l'espèce animale.

Une jument poulinière ne peut recevoir la ration réservée à une vache ou à une brebis; elle pourrait s'accommoder de quelques aliments, mais d'autres pourraient lui être funestes.

2° Des produits à obtenir.

Il est évident qu'une bête laitière ne peut être nourrie comme une bête à l'engrais, et celle-ci ne saurait que faire d'une ration riche en acide phosphorique destinée à un jeune animal.

3° De l'âge et de l'état de l'animal.

On sait que les jeunes animaux doivent être nourris moins abondamment, mais surtout avec des aliments beaucoup plus digestibles que ceux réservés aux adultes.

Nous entendons par l'état de l'animal la façon dont il se comporte avec la ration qui lui est destinée: deux animaux de même âge, par exemple, peuvent très bien ne pas avoir le même appétit et demander l'un une nourriture abondante et l'autre, au contraire, se contenter de beaucoup moins de nourriture, mais exiger des aliments moins grossiers.

4° Des fourrages, de leur composition et de leur digestibilité.

Pour faciliter les recherches, nous nous servirons de la méthode Crevat. La méthode des équivalents usitée pendant de longues années prend pour type d'une bonne ration le foin ordinaire ; elle ne peut être juste, car :

1° La composition du foin diffère d'un pays à un autre, suivant le terrain et le climat.

2° L'expérience pratique prouve que l'alimentation au foin seul, convenable pour les bêtes à l'entretien ou en demi-production, est insuffisante pour des animaux en pleine production.

3° Les équivalents nutritifs indiqués par les divers expérimentateurs varient souvent du simple au double et quelquefois même davantage.

La méthode Crevat, présentant cependant quelques imperfections, est, à notre humble avis, celle qui se rapproche aujourd'hui le plus de la vérité. Il serait trop long d'en mentionner tous les avantages et de l'expliquer en détail, mais, de la manière dont nous l'appliquerons, on pourra en tirer la conclusion qu'aucune autre méthode n'est supérieure pour la vraisemblance et la simplicité, peut-être pas apparente, mais réelle. On peut évidemment s'en servir de diverses façons, aussi choisirons-nous la plus simple.

Dans le rationnement d'un animal, on distingue la ration d'entretien et la ration supplémentaire de production.

La première se subdivise en ration de simple entretien pour un animal qui ne produit rien, et en ration d'entretien productif pour un animal fabriquant des produits, car on comprend parfaitement que la production d'un certain nombre de produits amène, par suite d'une plus grande activité dans l'organisme, une augmentation dans la dépense d'entretien.

Après un très grand nombre d'expériences, Crevat est arrivé à déterminer les principes nécessaires à une bête de 500 kilogr. et à une température de 12 degrés.

Pour la ration d'entretien productif, par exemple, il compte qu'une bête de rente en production exige 5 kilogr. de sucre, 0 kilogr. 350 de protéine, 0 kilogr. 1 de graisse et pour la ration supplémentaire de production : les principes des produits.

Il faut chercher maintenant ce que deviennent ces besoins pour des animaux semblables mais d'un poids différent.

Les diverses déperditions animales s'effectuant par les surfaces muqueuses et cutanées qui entourent le corps proprement dit, intérieurement et extérieurement, il est raisonnable d'admettre que pour des animaux semblables et dans les mêmes conditions, les *déperditions sont proportionnelles aux surfaces de déperdition* (non pas au poids du corps) et par suite aux carrés des dimensions homologues, telles que le périmètre de poitrine par exemple.

Il convient de choisir pour terme de comparaison le périmètre de poitrine de préférence à toute autre dimension, parce que le périmètre, en outre de sa dépendance générale de la surface muco cutanée, est encore en rapport intime avec la surface pulmonaire, qui est une des causes prédominantes de la déperdition, puisque c'est elle qui donne accès dans le corps à l'oxygène, agent principal de désorganisation et de combustion.

Il est facile, par suite, de calculer la ration d'un animal de poids quelconque, connaissant celle exigée par un animal semblable de 500 kilogr.

Les deux rations étant entre elles comme les carrés des périmètres de poitrine, on a :

$$\frac{\text{R. d'un animal de 500 kil.}}{\text{R.— de 700 kil. par exemple}} = \frac{C^2}{C'^2}.$$

Le périmètre de poitrine égale la racine cubique du poids vif P divisé par un certain coefficient x variable suivant l'espèce, l'âge, le degré d'embonpoint et la conformation.

Ce coefficient est donné par Crevat, aussi nous en servirons-nous au fur et à mesure des recherches.

En pratique, il suffit une fois que l'on connait le périmètre d'une bête de 500 kilogr., de grouper ensemble les animaux dont le périmètre est à peu de chose près le même et les calculs se trouvent ainsi simplifiés.

Nous n'avons pas l'intention, en adoptant cette méthode, de vouloir fixer définitivement le rationnement des animaux, car imprudent serait celui qui voudrait déterminer une ration six mois ou un an à l'avance. D'autant plus qu'en élevage cette ration peut être souvent augmentée, diminuée ou transformée, suivant les besoins de l'animal et les conditions économiques.

En effet, dit M. Marlot, *il ne faut pas oublier que pour les jeunes élèves il n'y a pas de ration d'entretien, tous les aliments s'assimilent en grande partie et se trouvent largement remboursés par un développement de chair et d'os. Le principe est donc, pour obtenir des animaux de valeur, de donner aux jeunes sujets, depuis leur naissance jusqu'au moment où ils arrivent à la destination qu'on leur assigne, la plus grande quantité de bonne nourriture compatible avec la conservation de la santé et les ressources de l'exploitation.*

Il ne faut pas évidemment aller jusqu'à l'excès, mais savoir rationner un animal trop gourmand, aussi faut-il, pour se livrer à l'élevage, posséder un jugement prompt et une pratique consommée, et, comme le dit M. Leconte, en matière de production, se tenir en garde contre l'absolu.

Mais comme il faut aussi savoir modifier avantageusement la composition normale d'une ration pour profiter du bon marché relatif de certains fourrages, il était nécessaire de faire choix d'une méthode de rationnement pour opérer les divers changements à apporter dans l'alimentation.

Ce sont donc ces diverses substitutions dans les rations que nous étudierons spécialement au cours de ce chapitre, et pour rendre les calculs plus exacts nous compterons les fourrages, non à leur prix de revient, mais à leur valeur commerciale, et aussi nous n'attribuerons pas à nos animaux des bénéfices qui appartiennent aux cultures, et aux cultures des bénéfices qui appartiennent au bétail. Et, en supposant même qu'un aliment n'ait pas de prix commercial, nous lui donnerons le prix que représente sa valeur alimentaire, puisque nous nous proposons de le comparer aux autres fourrages employés.

Pour ce qui concerne la composition de ces fourrages, nous aurons soin de faire plusieurs analyses au moment d'opérer les substitutions. Mais comme nous ne connaissons pas ici le résultat des analyses faites ou à faire, nous nous servirons de la table de Crevat où est renfermée la composition chimique moyenne des fourrages.

ANIMAUX DE TRAIT. — Nous allons rechercher en premier lieu ce qu'exigent nos chevaux percherons d'un poids de 650 kilogr. environ.

En prenant 80 pour coefficient moyen du poids vif exprimé en fonction du périmètre de poitrine, on aura pour un cheval de 500 kil. le périmètre égal à $\sqrt[3]{500:80} = 1^{m},842$, dont le carré est 3,393, et pour un cheval de 650 kil., le périmètre est de 2 mètres environ ; ici point n'est besoin de le rechercher par les calculs, il suffit de le prendre sur l'animal.

Pour les bêtes de travail, on prend la ration de simple entretien et non la ration d'entretien productif.

Elle exige, pour un animal de 500 kilogr. dont le périmètre au carré égale 3,393, 4 kilogr. 5 de sucre, 0 kilogr. 285 de protéine, 0 kilogr. 090 de graisse.

Et pour un animal de 650 kilogr. dont le périmètre au carré égale 4 mètres, elle exigera :

$$\frac{3,393}{4} = \frac{4 \text{ kil. } 5 \text{ sucre, } 0 \text{ kil. } 285 \text{ protéine, } 0 \text{ kil. } 090 \text{ graisse}}{x}$$

ou 5 kil. 363 sucres, 0 kil. 338 protéine, 0 kil. 106 graisse.

Crevat admet que le travail mécanique est toujours proportionnel au carré du périmètre de poitrine, quelle que soit la conformation, et qu'il est donné par la formule

$$C^2 \times 637 \text{ ou } 4^m \times 637 = 2,548 \text{ dynamies.}$$

Il admet aussi que pour les bêtes de travail en production on ajoute à la ration de simple entretien :

1 kilogr. 2 de sucre, 0 kilogr. 60 de protéine et 0 kilogr. 14 de graisse par 1,000 dynamies de travail produit.

	Sucre.	Protéine.	Graisse.
Et pour 2,548 dynamies	3,0576	1,528	0,356
plus la ration de simple entretien	5.363	0,338	0,106
TOTAL.	8.420	1,866	0,462

Les chevaux recevaient anciennement

	Sucre.	Protéine digestible	Graisse digestible.
10 à 12 litres d'avoine	3,342	0,642	0,318
7,5 de foin	4	0,570	0,160
5 de paille.	1,630	0,075	0,035
	8,972	1,287	0,513

La protéine était donc en quantité insuffisante si les chevaux avaient travaillé tous les jours, car la protéine seule ne peut être remplacée pour fournir le travail et les principes protéitiques des produits.

En réalité elle convenait très bien, puisque nos animaux étaient en très bon état, mais si nous nous souvenons que l'avoine était hors de prix il y a deux ans, surtout dans notre pays, où elle se vend toujours plus cher que partout ailleurs, il était important de pouvoir la remplacer par une autre céréale aussi nutritive, mais fournie à meilleur compte.

Aussi a-t-on remplacé dans la ration précédente 3 kilogr. d'avoine par 3 kilogr. de maïs.

	Sucre.	Protéine.	Graisse.
3 kil. avoine contiennent .	1,671	0,321	0,157
3 — maïs — .	1,863	0,279	0,180
DIFFÉRENCE.	+ 192	— 42	+ 23

La protéine se trouvait donc en quantité encore moins considérable. Aussi devons-nous dire que les chevaux baissaient d'état pendant les forts travaux.

L'économie réalisée était la suivante :

L'avoine valait à cette époque 24 francs les 100 kil. ou 0 fr. 72 les 3 kil.
Le maïs — 14 — 0 42 —

Bénéfice. . . . . 0 fr. 30 par cheval et par jour, et pour 10 chevaux 0 fr. 30 × 10 = 3 francs, et pour 365 jours, 1,095 francs.

Mais le maïs ayant augmenté jusqu'à 18 et 19 francs et l'avoine ayant baissé, il était préférable de donner exclusivement de l'avoine ou bien de trouver un autre aliment.

Nous avons essayé les déchets de meunerie appelés graines longues, qui contiennent 1/4 des graines en avoine, 1/4 en blé, 1/4 en orge, 1/4 en seigle et nous avons remplacé ainsi l'avoine poids pour poids.

	Sucre.	Protéine.	Graisse.
5 kil. avoine.	2,785	0,535	0,265
5 — graines longues . . .	3,203	0,513	0,188

Ces graines sont payées 13 francs les 100 kil., plus le transport et frais divers, elles reviennent à 14 francs.

La dépense par cheval est donc de $\frac{14 \times 5}{100} = 0$ *fr. 60.*

— *avec l'avoine à 18 francs les 100 kil., est de* $\frac{18 \times 5}{100} = 0$ *fr. 90.*

L'économie réalisée par jour est donc de 0 fr. 30 par cheval.

JUMENTS POULINIÈRES. — *Régime d'hiver.* — **Poulinières pleines.** — Lorsque le temps est favorable on les met à la prairie de neuf heures du matin à quatre heures du soir. Elles reçoivent le matin avant de sortir et le soir en rentrant, un repas composé d'une 1/2 botte de foin, 4 litres avoine, 2 litres son.

Pendant un mois environ on remplace l'avoine du soir par des carottes.

A l'approche de la mise bas, on supprime en partie l'avoine pour donner des barbottages, dans le but de rafraîchir les poulinières.

Poulinières vides. — Elles suivent le même traitement, mais la nourriture est moins abondante.

Poulinières suitées. — Pendant les neuf premiers jours après la mise bas, on donne peu ou pas d'avoine, mais on leur distribue plusieurs barbottages et 1/2 botte de foin.

Après cette période elles sortent par beau temps de neuf heures du matin à quatre heures du soir et reçoivent en deux repas :

8 litres son, 4 litres avoine, 1/2 botte foin, seigle bouilli de 4 à 8 litres, suivant l'état de la jument et son aptitude laitière.

On a soin de réserver les prés précoces aux moins bonnes laitières. En général les poulinières nouvellement suitées restent près des écuries.

Pendant l'été, c'est-à-dire du mois de mai à octobre ou novembre, les poulinières de demi-sang restent jour et nuit à l'herbage et ne reçoivent aucune nourriture supplémentaire.

Les poulinières de pur-sang, beaucoup moins rustiques, sont rentrées pendant la nuit sauf dans les grandes chaleurs, où elles passent la nuit dehors et le jour à l'écurie et reçoivent une nourriture abondante ; elles sortent plutôt pour prendre de l'exercice que pour manger, aussi leur réserve-t-on les prés moins abondants.

Poulains de lait. — Dès l'âge d'un mois à six semaines, les poulains mangent un peu d'avoine avec leurs mères. Puis à partir de 3 mois on leur donne une ration spéciale jusqu'à 6 mois, à cette époque ils ne consomment pas moins de 4 à 6 litres d'avoine, les poulains de pur-sang en reçoivent une plus forte quantité.

Le sevrage définitif se fait dans le courant du mois d'août pour les poulains de pur-sang, car ils doivent partir le 1er septembre, les poulains de demi-sang sont livrés le 1er novembre.

Les pouliches sevrées reçoivent en 2 repas :

4 à 6 litres avoine, 1/2 botte foin, 2 litres de son et des carottes. Elles sortent quand le temps le permet.

Au printemps suivant elles peuvent rester jour et nuit à l'herbage, mais on a soin de leur donner 6 à 8 litres d'avoine.

A 18 mois, elles rentrent à l'écurie pour passer l'hiver et recevoir de l'avoine et du foin.

A 2 ans, elles retournent à l'herbage, mais on leur donne une plus forte ration d'avoine.

Au mois de septembre suivant elles ont environ deux ans et demi, aussi partent-elles à l'entraînement.

Nous nous empressons de dire que toutes ces rations n'ont rien de bien fixe, elles sont augmentées ou diminuées suivant l'état de la jument et de son produit.

Mais si nous voulions calculer théoriquement la ration d'une poulinière pleine, voici la marche à suivre.

Ici nous ne pouvons certainement pas calculer le poids vif avec le coefficient 90, employé pour les poulinières de trait, car le périmètre de poitrine est d'autant plus grand que le cheval est propre à une allure rapide, le coefficient pour le poids vif devra donc être d'autant plus petit.

Il doit être d'environ 75. Prenons une poulinière possédant un périmètre de poitrine égal à 2 mètres, elle aura un poids : $2^m = \sqrt[3]{x : 75}$ ou $8 = \frac{x}{75}$ ou $8 \times 75 = x$ ou 600 kil.

Une bête de 500 kil. aura un périmètre de $\sqrt[2]{500 : 75} = 1^m,83$, et exigera :

	Sucre	Protéine.	Graisse.
1° Pour son entretien.	4,5	0,285	0,090
2° Pour les besoins journaliers du fœtus : (1/7 environ des principes nécessaires à l'entretien de la jument, plus 26 gr. 5 de principes plastiques par jour)	0,643	0,066	0,015
	5,043	0,351	0,105

Et pour une bête de 600 kilogr. :

$$\frac{1^m,83 \text{ ou } 3,348}{2 \text{ ou } 4} = \frac{5 \text{ kil. } 043 \text{ sucre, } 0 \text{ kil. } 351 \text{ protéine, } 0 \text{ kil. } 105 \text{ graisse}}{x}$$

ou 6 kil. 025 de sucre, 0 kil. 419 protéine, 0 kil. 125 graisse.

Les poulinières pleines reçoivent :

	Sucre.	Protéine.	Graisse.
Avoine, 4 kil.	2,228	0,428	0,312
Son, 4 litres	0,298	0,073	0,020
Foin, 5 kil.	2,000	0,285	0,080
	4,526	0,786	0,412

Le déficit en sucre est largement comblé par l'excédent de protéine et de graisse.

ESPÈCE BOVINE. — 1° Traitement des vaches. — *Régime d'hiver.* — Quand le temps le permet, les vaches sortent après la première traite, c'est-à-dire à neuf heures du matin et rentrent à trois heures pour la traite du soir.

Leur ration actuelle se compose de :

10 kilogr. de foin, 40 kilogr. de pulpes et balles.

Le bonnes laitières reçoivent en plus 2 kilogr. de farine d'orge. On préfère donner un peu de son aux vaches fraîches vêlées.

Régime d'eté. — Au mois de mai, quand l'herbe commence à pousser, on diminue progressivement la ration d'hiver pour éviter le changement trop brusque du sec au vert; lorsque la température est favorable les vaches passent la nuit dehors, on les rentre pour la traite et on a toujours soin de remplir les râteliers de vert, régime que nos cultures permettent de continuer jusqu'en novembre.

Avant la culture de la betterave et l'emploi des pulpes, les vaches recevaient une ration exclusivement composée de foin.

Cherchons le rapport nutritif et économique entre la ration ancienne et la ration actuelle.

RATION ANCIENNE.	Sucre.	Protéine.	Graisse.
20 kil. foin, contiennent . .	8,000	1,140	0,320

En mettant le foin à 60 francs les 1,000 kilogr., la dépense était de 1 fr. 20 par vache et par jour.

Etablissons le rationnement d'une vache de 600 kilogr. (poids moyen de nos normandes) ou $1^m,96$ de périmètre de poitrine.

Etant donné qu'une bête de 500 kilogr. de $1^m,84$ de périmètre exige pour son entretien productif 5 kilogr. sucre, 0 kilogr. 350 protéine, 0 kilogr. 1 de graisse et que d'autre part les rations sont proportionnelles aux carrés des périmètres de poitrine, on peut établir la proportion suivante :

$$\frac{1^m,84^2 \text{ ou } 3,385}{1^m,96^2 \text{ ou } 3,841} = \frac{5 \text{ kil. sucre, } 0 \text{ kil. } 350 \text{ protéine, } 0 \text{ kil. } 1 \text{ graisse}}{x}$$

	Sucre.	Protéine.	Graisse.
ou	5,673	0,397	0,113

Il reste à ajouter les principes des produits, nous allons supposer une vache fraîche vêlée au commencement de l'hiver (1) ; la moyenne du rendement étant de 10 litres environ pendant la première période, nous avons :

	Sucre.	Protéine.	Graisse.
Ration d'entretien productif	5,673	0.397	0.113
— de production, 10 litres lait.	0.400	0,400	0,400
RATION TOTALE. . .	6.073	0,797	0,513

La ration ancienne était donc suffisante au point de vue nutritif, examinons la ration actuelle.

	Sucre.	Protéine.	Graisse.
10 kil. foin	4,000	0,570	0,160
40 — pulpes	2,800	0,526	0,040
2 — balles.	0,712	0,052	0,016
TOTAL.	7,512	1,148	0,216

Le déficit en graisse est largement comblé par l'excédent de protéine, cette ration est donc normale.

2° *Au point de vue économique.*

La première revient en mettant le foin à 60 francs les 1,000 kilos à 1 fr. 20 par vache et par jour.

La seconde revient à

10 kil. foin	*0 fr.*	*60*
40 — pulpes, 6 fr. 50 les 1,000 kil.	*0*	*26*
Balles	*0*	*04*
	0 fr.	*90*

d'où une économie de 0 fr. 30 et pour 25 vaches : 7 fr. 50 par jour.

2° **Traitement des veaux.** — Première période, de la naissance au sevrage.

Le veau est séparé de la mère immédiatement et reçoit pendant les huit premiers jours : de 3 à 5 litres de lait pur en trois repas pour éviter de trop charger l'estomac.

Puis adoptant l'alimentation mixte, on lui donne un mélange par moitié de lait pur et de lait écrémé ; la quantité varie suivant l'âge et la force de

(1) Recevant des veaux un peu en tout temps, nous avons besoin d'une certaine quantité de lait à toute époque de l'année, aussi nos vaches vêlent-elles en toute saison.

l'animal, d'abord de 8 litres, elle augmente successivement de telle sorte qu'à six semaines il reçoit 12 litres.

A cette époque le lait pur est supprimé, on le remplace par du lait écrémé additionné de farine et coupé de thé de foin.

Lorsque le lait est abondant, on se sert très peu du thé de foin.

Il ne faut pas hésiter en effet à élever les veaux aussi longtemps que possible avec du lait pur, lorsqu'on veut obtenir de beaux produits et surtout des reproducteurs. « Le lait, dit Johnson, est une nourriture parfaite pour un animal en état de croissance ; il contient du caillé pour former les muscles, du beurre pour former la graisse, des phosphates pour former les os et du sucre pour entretenir la respiration. » « Qu'on le sache bien, dit à son tour M. de la Trehonnais, quelque savamment composés que soient les mélanges nutritifs qu'on donne aux veaux lorsque le lait vient à leur manquer, rien ne saurait complètement remplacer cet aliment naturel. Soit qu'on veuille engraisser le veau pour la boucherie, soit qu'on veuille en faire un animal reproducteur, soit qu'on le destine à figurer dans les concours, le meilleur régime, le seul qui réussisse à coup sûr, c'est le lait. »

Nous avons essayé, l'année dernière, une farine lactée, les résultats furent assez satisfaisants, mais le thé de foin est encore ce qu'il y a de plus nutritif et de plus digestible lorsque le lait est en quantité insuffisante. M. Isidore Pierre a entrepris de nombreuses analyses sur le thé de foin, et conclut ainsi : « Il est évident pour nous, que ce qu'on est convenu d'appeler thé de foin paraît constituer une boisson éminemment rationnelle qui, indépendamment des principes aromatiques, toniques et stimulants, offre aux jeunes animaux, sous une forme qui leur plaît, une alimentation riche en principes azotés et contenant en outre, en proportion assez considérable, les principes nécessaires au développement de leurs os. »

Pour allaiter les jeunes veaux, nous nous servons d'une espèce de biberon carré en tôle émaillée, le lait est ainsi avalé moins précipitamment et beaucoup mieux digéré.

On a soin de ne donner, pendant les huit premiers jours, d'autre lait que celui de la mère, et, lorsque le lait pur est additionné de lait écrémé, on évite de donner les laits mélangés à une température inférieure à 25°.

Pendant la dernière période, on met dans les auges quelques tranches de betteraves saupoudrées de farine ou de tourteau et un peu de bon foin ; le sevrage se fait ainsi progressivement, le lait est supprimé totalement vers quatre ou cinq mois suivant son abondance.

Si le sevrage a lieu pendant l'été, les accidents sont moins à craindre, les veaux vont au pâturage et se sèvrent d'eux-mêmes. En hiver il est nécessaire de prendre certaines précautions et de leur donner une très bonne nourriture : betteraves saupoudrées de tourteau de lin, ainsi que du bon foin.

Il n'est ni possible ni pratique de vouloir calculer théoriquement la ration d'un jeune veau depuis la naissance jusqu'à l'âge d'un an, il suffit, comme nous l'avons dit précédemment, de savoir le rationner suivant son appétit et sa santé.

2° A un an, les veaux non castrés reçoivent une nourriture plus abondante.

En général, on donne du tourteau de lin aux reproducteurs mâles, dès qu'on les voit dépérir.

Les veaux castrés de cet âge vont au pâturage pendant l'été et reçoivent pendant l'hiver :

	Sucre.	Protéine	Graisse.
5 kil. foin	2,000	0,285	0,080
20 — betteraves	2.540	0,300	0,020
	4,540	0,585	0,100

Ils exigent d'après Crevat :

4 kil. 413 sucre, 0 kil. 457 protéine, 0 kil. 101 graisse.

La ration est donc suffisante.

3° **Les génisses et les bouvards.** — Depuis l'année dernière, ces animaux sont rentrés sous les hangars économiques pendant l'hiver, on n'a donc pas à craindre la détérioration des herbages par le piétinement et nous réalisons de plus une économie sur la nourriture (1).

A cet âge ils pèsent environ 450 kilos et ont un périmètre de 1m,78 environ, le carré est de 3,168.

	Sucre	Protéine.	Graisse
Les facteurs de rationnement sont	1,64	0,18	0.03

Ils exigent donc
- Sucre. . . . 1,64 × 3,168 = 5,195.
- Protéine . . 0,18 × 3,168 = 0,570.
- Graisse . . . 0,03 × 3,168 = 0,095.

On leur donnait anciennement 10 kilos de foin à l'herbage.

	Sucre.	Protéine.	Graisse.
ou	4,000	0,570	0,160

On donne actuellement :

	Sucre.	Protéine	Graisse.
30 kil. pulpes (2).	2,100	0,390	0,030
4 — balles.	1,424	0,104	0,032
5 — paille d'avoine . . .	1,710	0,085	0,050
TOTAL.	5,234	0,579	0,112

La nouvelle ration est donc beaucoup plus nutritive et plus économique ; en effet, en mettant le foin à 60 francs les 1,000 kil., prix moyen, la dépense est de 0 fr. 60 avec la première ration.

Et pour la seconde :

30 kil. pulpes à 6 fr. 50 les 1,000 kil. ou . . .	*0 fr. 195*
5 — paille à 30 francs les 1,000 kil. ou . . .	*0 15*
Balles et main-d'œuvre	*0 05*
	0 fr. 395 ou 0 fr. 40

D'où une économie de 0 fr. 20. Le nombre de bêtes soumises à ce régime étant rarement inférieur à 100, l'économie réalisée par jour est donc au minimum de 20 francs.

(1) Les plus jeunes bêtes sont en liberté sous les hangars (le fumier est mieux fait, mais il faut davantage de paille), les autres sont attachées. Un système de canalisation, récemment établi, permet de distribuer l'eau à volonté à proximité des animaux.

(2) Les pulpes coûtent 3 francs les 1,000 kilogr. à la sucrerie de Lassandres (Eure), avec le transport elles nous reviennent à 6 fr. 50. Etant à proximité de la gare, il est très facile d'en faire venir de grandes quantités.

4° **Les bœufs d'engrais.** — Ceux que l'on veut faire partir de bonne heure reçoivent du tourteau, dès le commencement de la mise à l'herbe (1).

Les autres partent en septembre et reçoivent 3 kil. de tourteau de coton décortiqué, simplement pendant les deux mois qui précèdent la vente.

Ils gagnent environ 150 kil. pendant ce laps de temps, au cours de 0 fr. 75 le kil. basé sur le poids vif, l'écart serait environ de 100 francs.

ESPÈCE OVINE. — 1° **Traitement des brebis pleines.** — Elles sortent lorsque le temps le permet de dix heures du matin à trois heures de l'après-midi, pour prendre l'exercice nécessaire au bon fonctionnement des organes.

Les repas ont lieu le matin et le soir, celui du matin est souvent donné en deux fois. Leur ration se compose :

10 kil. de foin de prairies artificielles ou naturelles pour 7, 30 à 40 livres de betteraves et balles pour 10 ; plus du tourteau ou de la farine.

Soit par bête :

	Sucre.	Protéine.	Graisse.
1 kil. 40 foin	0,560	0,079	0,022
2 — betteraves et balles	0,260	0,020	0,002
0 — 200 tourteau	0,074	0,049	0,017
	0,894	0,148	0,041

Une brebis de 50 kil. exige pendant la seconde période de gestation :

	Sucre.	Protéine	Graisse.
Pour son entretien productif	0,645	0,075	0,012
Pour la formation et l'entretien du fœtus.	0,116	0,022	0,003
	0,761	0,097	0,015

La ration actuelle paraît exagérée, mais il est important de mentionner que la plupart de nos brebis sont certainement d'un poids supérieur à 50 kil. et par suite la ration est suffisante pour les entretenir en bon état sans les engraisser.

2° **Traitement des brebis mères.** — Pendant le premier mois qui suit la mise bas, les brebis mères ne sortent pas. Passé ce temps, elles sont mises en liberté dans un herbage durant quelques heures, mais toujours lorsque la température est douce. Leur ration se compose comme la précédente :

De foin de pré : 2 bottes de 5 kil. pour 5,
De betteraves : 30 à 40 litres pour 10,
De tourteau de lin ou de farine d'orge.

Les agneaux grignotent à part des betteraves hachées, saupoudrées de tourteau de lin et du très bon foin. Et pour leur permettre de manger séparément, on réserve un espace dans chaque compartiment ; une barrière à claire-voie dont les barreaux du milieu ont été remplacés par deux rouleaux à $0^m,20$ d'écartement, laisse libre passage aux agneaux et non aux mères.

En été les agneaux et leurs mères sont mis en troupes peu compactes pendant le jour sur les pâturages les plus fins et les plus sains (non les plus forts

(1) Il y a tout avantage à faire partir les bœufs de bonne heure ; aux mois de juin et juillet, les bœufs d'herbe sont très chers à la Villette

et les plus nourrissants) et rentrent la nuit à la bergerie où les mères reçoivent un peu de foin ; les agneaux ont de plus un peu de tourteau, d'avoine ou de « graines longues. »

3° **Pour les agneaux mâles et pour les bêtes de concours** il n'y a pas de ration, on change très souvent et presque journellement, pourrions-nous dire, le genre d'alimentation dans le but d'exciter constamment l'appétit.

Nous n'envisagerons ici que la ration au *point de vue productif*, car lorsqu'on prépare un animal pour les concours, on ne recherche qu'une seule chose, obtenir le prix, peu importe ce que coûtera la ration ; elle sera toujours bien payée si on arrive au but.

Nous voyons par cet aperçu sommaire du régime alimentaire suivi à Nonant-le-Pin, que M. Corbière *recherche par tous les moyens possibles à nourrir économiquement et au maximum.* Il se conforme ainsi aux remarques suivantes de Crevat : On comprend que, le prix de la matière première et des produits fabriqués restant constant, la production sera d'autant plus avantageuse et économique qu'elle sera plus intensive, c'est-à-dire plus active, plus considérable, plus rapide, parce que les frais généraux d'entretien, logement, service, surveillance, éclairage, mobilier, vétérinaire, intérêts, risques et amortissement, restent à peu près les mêmes, que l'animal produise peu ou beaucoup. Il n'y a de différence que pour la nourriture de production qui augmente également un peu.

LA RESTITUTION

L'analyse chimique du sol commentée au chapitre des herbages ne peut évidemment servir de base aujourd'hui, car nous avons vu que les doses d'engrais appliqués à la terre furent suffisamment considérables non seulement pour augmenter les éléments contenus en trop faible quantité dans le sol, mais encore pour restituer ceux enlevés par les différentes récoltes.

L'examen des résultats obtenus dans le passé, et ceux obtenus actuellement peuvent à la rigueur suffire à démontrer l'exactitude de ce qui est précédemment énoncé.

Serait-il nécessaire, si nous voulions calculer la restitution d'une manière absolue, de faire une nouvelle analyse ? évidemment non ; cette analyse nous donnerait le dosage en azote, en acide phosphorique, en potasse et en chaux que nous savons déjà en quantité suffisante par le simple examen des récoltes, et elle passerait sous silence la combinaison dans laquelle ces substances sont engagées et par suite ne fournirait aucune indication pratique concernant l'emploi des engrais.

Il est donc préférable de comparer les différents rendements obtenus dans des champs additionnés ou privés de certains engrais; on reconnait ainsi non seulement quels sont les principes qui manquent au sol, mais encore quel est parmi ces principes celui qui convient le mieux. Cette pratique est actuellement suivie par M. Corbière, et elle donne des résultats satisfaisants. Ainsi l'année dernière nous avons répandu sur les herbages des scories et des superphosphates ; les scories ont donné des résultats supérieurs sur certaines parties, particulièrement les parties humides, et sur d'autres le contraire s'est produit. On sait que les scories, contenant une forte proportion de chaux, réussissent très bien sur les terrains acides, tandis que les superphosphates, engrais essentiellement acides, ne feraient qu'augmenter l'acidité de ces terres. Il est important de signaler en outre que les superphosphates employés ont toujours une teneur de 16 à 18 °/° d'acide phosphorique ; le transport et la main-d'œuvre étant les mêmes pour des engrais riches ou pauvres, nous réalisons une économie sensible sur les premiers et il serait peut-être intéressant d'établir le compte :

Nous employions 35,000 kilogrammes de superphosphate à 17 °/° ou 5,930 kilogrammes d'acide phosphorique.

Avec un superphosphate dosant 14 °/°, il faudrait un équivalent de 42,300 kilogrammes ou 7,300 kilogrammes en plus. Si nous mettons 1 franc de transport et d'épandage par 100 kilogrammes, l'économie réalisée est de 73 francs.

Mais revenons à notre restitution ; pour la calculer théoriquement nous nous trouvons en présence de deux méthodes : la première consiste à tenir compte des récoltes fournies par le sol, la seconde mentionne tout ce qui est exporté. A première vue, cette dernière paraît être préférable pour notre pays. Mais pour suivre un ordre logique, discutons-les séparément.

La première ne nous semble nullement pratique à appliquer au domaine de Nonant-le-Pin. En effet nous ne pouvons nous baser sur des rendements que nous ne connaissons pas encore. Nous serions cependant moins absolus que l'un de nos condisciples qui a traité cette question l'année dernière, car cette méthode loin d'être d'une justesse irréprochable peut très bien s'appliquer à certaines fermes où l'assolement très simple ne renferme qu'un petit nombre de plantes et pour la plupart exportées.

Si nous prenons par exemple une ferme du Nord à assolement triennal : betteraves, blé, avoine, il est aisé de calculer, très approximativement il est vrai, la quantité d'éléments enlevés. Nous pouvons très bien prendre une moyenne de rendement pendant cinq ans, mais il nous faut connaître d'autre part la composition des différentes plantes cultivées, parce que nous ne pouvons établir des calculs sur le simple examen des tables de composition, même faites par de grands chimistes, car les plantes analysées par eux peuvent très bien varier de composition, suivant le terrain qui les a produites, la température et les engrais employés. Mais avec l'assolement donné plus haut, ce calcul est très simple ; en effet la betterave livrée à la sucrerie est analysée, et rien ne s'oppose à l'établissement d'analyses pour l'avoine et le blé, surtout que d'ici quelques années cette dernière céréale se vendra d'après sa teneur en gluten.

Le mode de culture adopté à Nonant-le Pin ne se prête nullement à cette pratique. En effet, sauf le blé et les pommes, aucune denrée n'est exportée ; notre culture n'est en somme que le complément des herbages, de plus le nombre de plantes cultivées est trop élevé pour se livrer à des analyses fréquentes et coûteuses.

Si nous considérons maintenant nos 300 hectares d'herbages, nous ne pouvons rechercher l'exacte restitution qu'en suivant la seconde méthode. Pour les herbages fauchés on pourrait à la rigueur calculer la quantité d'éléments enlevés, mais à la condition de ne pas se baser sur les analyses faites par les chimistes, il faudrait au contraire analyser fréquemment les différents foins obtenus sur le domaine : car, dit M. Boitel, la même plante offre souvent des différences assez grandes dans sa composition chimique, suivant son état de végétation, suivant le sol sur lequel elle a végété et suivant les organes qui entrent dans la composition du foin.

Mais si l'épuisement occasionné par l'enlèvement des récoltes peut encore se faire, il n'en est pas de même de l'épuisement occasionné par le pâturage. Laissons encore parler M. Boitel : « Il est évident tout d'abord, dit-il, que la dépaissance fatigue moins l'herbage que le fauchage, d'autre part les déjections solides et liquides des animaux rendent au sol une partie des éléments absorbés. On sait encore que l'épuisement est différent suivant que l'herbe est broutée par des vaches laitières, des bêtes à l'engrais, des animaux d'élevage ou des chevaux. »

Nous croyons donc qu'il est plus rationnel de calculer tout ce qui est exporté, c'est-à-dire le bétail et les différentes denrées non consommées sur place.

Composition des différents produits exportés ou importés

1° ANIMAUX	PAR 100 KILOGRAMMES DE POIDS VIF		
	AZOTE	ACIDE PHOSPHORIQUE	POTASSE
Veaux	2.50	1.38	0.24
Bœufs	2.32	1.86	0.17
Moutons	1.97	1.23	0.15
Agneaux	2.30	1.23	0.15
Poulains	2.68	2.00	0.17
100 kil. de poids vif acquis par l'engraissement	2.79	0.42	2.80

2° VÉGÉTAUX	PAR 100 KILOGRAMMES DE MATIÈRES		
	AZOTE	ACIDE PHOSPHORIQUE	POTASSE
Blé	2.000	0.82	0.55
Paille	0.400	0.250	0.700
Pulpes	0.290	0.100	0.360
Pommes	0.033	0.033	0.216

3° PRODUITS DIVERS	PAR 100 KILOGRAMMES DE MATIÈRES		
	AZOTE	ACIDE PHOSPHORIQUE	POTASSE
Tourteau de coton décortiqué	6.550	3.050	1.580
Tourteau de lin	5.040	2.150	1.290
Superphosphates	»	18.000	»
Nitrate	15.50	»	»

EXPORTATION

1° PRODUITS ANIMAUX		AZOTE	ACIDE PHOSPHORIQUE	POTASSE
60 bœufs de 800 kil. en moyenne.	48.000 k.	1.113 k. 60	892 k. 80	81 k. 00
30 génisses de 400 kil.	12.000	278 40	223 20	20 40
10 taureaux de 14 mois à 300 kil.	3.000	75 00	41 40	7 20
100 moutons élevés à 50 kil. . . .	5.000	98 50	61 50	7 50
15 poulains de 6 mois à 200 kil .	3.000	80 40	60 00	5 10
1,000 moutons à l'engrais gagnant 15 kil. environ	15.000	418 50	63 00	420 00
2° PRODUITS VÉGÉTAUX				
Blé, 250 quintaux environ. . . .	25.000	500 00	205 00	137 50
Pommes, en moyenne.	15.000	4 95	4 95	32 40
TOTAL.		2.569 k. 35	1.551 k. 85	711 k. 70

IMPORTATION

	AZOTE	ACIDE PHOSPHORIQUE	POTASSE
60,000 kil. de paille	240 k. 00	150 k 00	420 k.
500,000 kil. de pulpes	1.450 00	500 00	1.800
25,000 k. de tourteau de coton décortiqué.	1.637 50	762 50	395
10,000 kil. de tourteau de lin.	504 00	215 00	729
35,000 kil. de superphosphates	» »	6.300 00	»
1,500 kil. de nitrate	232 50	» »	»
TOTAL.	4.064 k. 00	7.927 k 50	2.744 k.

	AZOTE	ACIDE PHOSPHOR.	POTASSE
IMPORTATION	4.064 k. 00	7.927 k. 50	2.744 k. 00
EXPORTATION	2.569 35	1.551 85	711 70
EXCÉDENT.	1.494 k. 65	6.375 k. 65	2.032 k. 30

Même après avoir défalqué la composition des quelques denrées que nous n'avons pas cru nécessaire de compter, vu leur peu d'importance, telles que le lait et quelques bottes de paille de seigle par exemple. et en supposant de plus qu'une partie des principes trouvés ne soit pas assimilable, l'excédent est encore largement suffisant non seulement pour ne pas appauvrir le domaine, mais pour *l'enrichir d'une manière sensible.*

L'ENSILAGE

Grâce à des promoteurs comme M. de Chezelles et autres, l'ensilage des fourrages verts a pris, depuis plusieurs années, une très grande extension. Et lorsque les avantages de cette pratique seront reconnus par tous les cultivateurs, le fanage aura certainement fait un pas de plus vers sa déchéance.

On peut, en effet, avec cette méthode, rentrer les fourrages en tout temps, même au moment des pluies, lorsque le fanage est impossible.

Les autres avantages sont :

1° Rapidité du travail et, par suite, de la main-d'œuvre.

2° Les feuilles, les fleurs, les parties nutritives des plantes ne sont pas perdues.

En effet, dit M. Lecouteux : « Malgré tous les soins apportés au fanage, il est impossible de ne pas laisser de graines, de feuilles, de débris sur le sol où les fourrages sont secoués à coups de fourches, de râteaux ou de faneuses mécaniques. Tous ces débris de fanage représentent les parties les plus azotées, les plus riches de la plante. »

3° L'ensilage permet d'utiliser une foule de plantes médiocres qui gagnent par le mélange.

4° Le fourrage ensilé est plus alibile, plus substantiel, plus nourrissant, plus digeste, par suite des propriétés physiques de la matière végétale modifiées par l'ensilage. Le fourrage est, en effet, amolli et imbibé de jus de fermentation.

Reconnaissant tous les avantages de cette pratique, M. Corbière vient d'établir tout dernièrement, au lieu dit « le Moulin » (voir Bâtiments), une fosse à ensilage de 20 mètres de longueur sur 7 mètres de largeur, et adossée à un talus (1). La partie supérieure de ce talus est occupée par un herbage, il sera donc facile d'amener le fourrage par cet endroit, pour le précipiter dans le silo. Quant à l'enlèvement, il se fera très facilement, car le fond de la fosse sera à peu près au niveau de la cour. Ainsi nous nous conformerons au principe suivant : Tout ce qui est transporté de bas en haut coûte toujours très cher, et, au contraire, ce qui est jeté de haut en bas ne coûte rien.

Cette méthode nous donnera certainement des résultats plus avantageux que le fanage, toujours difficile à exécuter par suite des vicissitudes atmosphériques très fréquentes en Normandie.

La seule objection que l'on peut formuler est celle-ci : En rentrant les fourrages immédiatement après la fauchaison, on transporte une très grande quantité d'eau et, par suite, une traction plus considérable est nécessaire. Mais si l'on considère qu'à l'époque où l'on pratique cette opération, toutes les terres sont emblavées et les animaux inoccupés l'objection tombe d'elle-même.

(1) La détermination récente de M. Corbière pour la pratique de l'ensilage explique pourquoi nous n'avons pas placé cette étude succincte à la suite des cultures.

LES BOIS

Les bois reposent presque exclusivement sur les alluvions anciennes.

ESSENCES DOMINANTES. — Le chêne, l'orme et le bouleau sont de beaucoup les essences les plus abondantes. Viennent ensuite le hêtre, l'alisier, le frêne, le tremble, etc.

EXPLOITATION. — Nos 100 hectares de bois sont exploités en taillis et en futaies.

Pour avoir une surface bien limitée, nous avons divisé l'étendue en dix sections, et, comme nous coupons tous les quinze ans, nous faisons dix coupes pendant ce laps de temps, et pour obtenir un certain roulement, nous intercalons une année de repos entre deux années de coupe.

Désirant occuper nos ouvriers toute l'année, nous nous livrons à l'exploitation personnelle mais à tâche. Notre personnel est ainsi occupé pendant l'hiver.

Voici les différents tarifs de la main-d'œuvre :

Gaules de tremble	5 fr.	»	le cent.
Petites gaules	3	50	»
Pour couper, casser et monter un stère de bois.	1	25	
Abattage des chênes. quelle que soit la grosseur.	0	30	en moyenne,
Pour les arracher complètement	2	50	»
Pour faire des bourrées de ménage de 1 mètre de long et de 1 mètre de tour, nous payons	5	»	du cent.
Pour retirer l'écorce et la faire sécher (elle perd 1/3 de son poids par la dessiccation), l'ouvrier reçoit. et en botte de 15 kilogr.	65	»	pour 1,560 k.
Pour faire des piquets	0	10	l'unité.
Pour faire des paquets de rames. 100 rames.	0	25	le paquet de

LA COMPTABILITÉ

Nous ne parlerons pas en détail des avantages et des inconvénients de la comptabilité; nous ne pourrions d'ailleurs que répéter ce qui a été dit maintes et maintes fois dans bon nombre de thèses.

Ses avantages sont nombreux aujourd'hui, il suffit d'examiner comment ont été traitées les rations dans le chapitre de l'alimentation et le pourquoi des substitutions opérées pour démontrer que le cultivateur qui suit aveuglément la routine de ses pères ne peut marcher avec sûreté.

Quant aux inconvénients, s'il en existe, ils ne peuvent être attribués à la comptabilité elle-même, mais plutôt aux différentes manières de l'appliquer.

La comptabilité agricole doit, pour être juste et pratique, être simple, car il est préférable, dit M. Corbière, d'être sur les différents points du domaine où l'œil du maitre est nécessaire, que de développer outre mesure les détails d'une comptabilité qui ne peut qu'embrouiller les choses et fournir ainsi une véritable source d'erreurs.

Aussi a-t-il bien vite délaissé la comptabilité en partie double pour en adopter une autre beaucoup plus simple et que nous nous proposons de développer ici.

Mais auparavant nous croyons intéressant de mentionner les quelques griefs que nous imputons à la comptabilité en partie double.

Cette méthode, supérieure à toutes les autres dans le commerce et l'industrie où les denrées ou matières premières diverses ont une valeur commerciale, réelle, ne peut être, dans la majeure partie des cas, employée avec succès en agriculture.

En effet, on peut faire gagner ou perdre tel ou tel compte à volonté, suivant la manière d'évaluer les denrées et de répartir les frais divers sur les différentes récoltes ou spéculations.

Quant aux écritures qu'exige cette comptabilité, M. Corbière a bien vite reconnu qu'au lieu de donner une exactitude parfaite elles entrainent souvent, au contraire, nombre d'erreurs d'autant plus grand que les comptes se répètent plus fréquemment, et il est parfaitement d'accord avec M. Dubos, ancien directeur de Grignon, qui s'exprime ainsi : *Chaque article doit être passé successivement au Journal et au Grand-Livre. Pour passer une écriture au Journal, il faut faire usage de quinze ou vingt livres auxiliaires, où tous les faits, réels ou imaginaires, sont consignés en détail : pour les reporter ensuite au Grand-Livre, il faut les écrire deux fois, la première au débit d'un compte, la seconde au crédit d'un autre. Il y a là toute une science, très complexe, très aride, très abstraite, qui effraie même ceux qui en font simplement la dépense.*

La complication et les difficultés de ces écritures font reculer les cultivateurs les plus actifs et les plus éclairés. Quand ils se croient obligés d'avoir une comptabilité de ce genre, ils sont forcés de payer le temps et les lumières d'un homme spécial, c'est-à-dire d'un comptable.

L'expérience démontre enfin que cette comptabilité si compliquée, si difficile et si coûteuse, n'a jamais eu de sérieuse utilité. Elle a servi à masquer toutes les fautes, jamais à les découvrir ou à les éviter. Il est facile d'en comprendre la raison : on n'a jamais eu que les résultats que l'on voulait avoir. Suivant la manière d'évaluer telle ou telle denrée, de répartir tel ou tel élément de dépenses, tel compte se présentait en bénéfice, tel autre se soldait en perte. Tous les comptes étant solidaires, les résultats étaient forcément dépendants, le bénéfice de l'un ne s'expliquait que par la perte de l'autre, et réciproquement.

La comptabilité agricole en partie double n'a jamais donné que des résultats de hasard ou de parti pris.

INVENTAIRE. — L'inventaire est la principale et la plus importante opération de notre comptabilité, puisqu'il contribue à lui seul à établir l'état financier du domaine.

Le bénéfice est en effet donné par la différence existant entre le dernier inventaire et le précédent, soit par une augmentation dans la valeur du matériel ou des animaux, soit par l'état de la caisse.

Vu son importance, l'inventaire doit être rigoureusement fait, et ce n'est certes pas chose facile sur un domaine aussi considérable que celui de Nonant-le-Pin. L'époque influe sensiblement sur son exécution; nous ne sommes peut-être pas d'accord avec certains auteurs en *fixant la date de notre inventaire au 15 mai*; mais partant de ce principe que la date adoptée doit être celle qui convient le mieux aux spéculations de l'exploitation, celle-ci nous paraît être la meilleure.

En effet : 1° A cette époque l'arrêt dans les travaux nous permet plus facilement de se donner entièrement à cette opération.

2° A la sortie de l'hiver les greniers et magasins sont nécessairement vides.

3° Le poulinage (1) et l'agnelage étant terminés, il est facile d'évaluer la moyenne des naissances.

4° Les béliers sont vendus.

5° On vient d'effectuer la mise à l'herbe.

Dans l'évaluation de notre inventaire, nous ne procédons pas de la manière ordinaire.

Pour les instruments, par exemple, nous ne comptons pas l'amortissement à 10, 15, 20 °/₀ tous les ans, ce qui nécessite de nombreux calculs et engendre toujours des erreurs. En effet un instrument amorti à 10 °/₀ peut très bien durer quatre ou quinze ans. Il y a donc erreur dans les deux cas, il y aura perte dans le premier et bénéfice dans le second. Il est préférable, par suite, croyons-nous, d'évaluer les instruments *immédiatement au 1/3 de leur valeur,* pratique suivie par M. Corbière. En Angleterre on l'y rencontre couramment.

De plus nous prétendons qu'il faut toujours, lorsqu'on évalue un matériel agricole, lui donner *la valeur qu'il aurait au moment de la vente* pour cessation par exemple, et pour cela il est absolument nécessaire de tenir compte du *système cultural du pays.*

Nous nous expliquons par un exemple : dernièrement une grande vente eut lieu dans une ferme des environs, le matériel s'est vendu à vil prix ; pour notre compte nous avons acheté plusieurs brabants et autres instruments, même pas au 1/5 de leur valeur à l'état neuf. Supposons que cette vente eût existé dans un pays de grande culture comme le Nord de la France par exemple ; ces divers instruments eussent certainement été vendus plus cher. Aussi cette pratique d'évaluer le matériel au 1/3 nous semble beaucoup plus rationnelle, surtout dans notre contrée.

Quant à l'inventaire des animaux, il occasionne très souvent de grandes difficultés; pour nos chevaux de trait l'évaluation est très facile, mais pour nos juments poulinières il en est autrement. Comment en effet donner une valeur fixe à une jument de sang destinée à donner des chevaux de course ou des étalons? ici il n'y a point d'amortissement : une poulinière payée 4,000 francs par exemple, peut très bien acquérir une valeur plus élevée si ses produits donnent des résultats satisfaisants en course ou comme repro-

(1) Le poulinage a lieu de très bonne heure, car l'âge des chevaux de sang partant du 1er janvier, il est préférable d'obtenir les produits au commencement de l'année.

ducteurs, aussi l'estimation est-elle très difficile. Il est donc nécessaire de faire notre inventaire avec une très grande impartialité.

Pour les autres espèces animales, les obstacles à surmonter sont moins considérables, car les reproducteurs des espèce bovine et ovine ont une valeur moins variable que ceux de l'espèce chevaline.

Mais, règle générale, pour éviter les fausses illusions sur le capital employé dans l'exploitation et par suite ne pas augmenter outre mesure les bénéfices, nous donnons à tout ce qui est évalué une valeur plutôt inférieure à la réalité.

Nous ne voyons aucune utilité à énumérer ici les détails de l'inventaire pour les raisons suivantes :

1° Parce que nous ne recherchons pas le bénéfice total, donné par l'inventaire seul.

2° L'inventaire de 1903 n'est pas encore établi à l'époque où nous faisons ce travail.

3° Les inventaires de 1901 et 1902 ne donneraient aucune indication précise, car depuis cette époque on a modifié certaines spéculations.

De plus la quantité de têtes de bétail dans chaque espèce animale est loin d'être fixe, c'est ainsi que par suite de la fièvre aphteuse nous n'avons pu recevoir l'année dernière qu'un nombre de veaux relativement restreint, et cette année nous sommes obligés de mettre davantage de moutons à l'herbe.

Avec le livre d'inventaire, nous tenons un Journal-Caisse, sur lequel on mentionne le total par mois des recettes, dépenses et leur nature.

Il est ainsi composé :

MOIS	LIBELLÉ DES ARTICLES	Recettes	Dépenses	FERME		DOMAINE		RECETTES ET DÉPENSES particulières	
				Rec.	Dép.	Rec.	Dép.	Rec.	Dép.

Le total des recettes ou dépenses des trois colonnes : Ferme, Domaine, etc., doit égaler celui des recettes ou dépenses de la page n° 1.

Les erreurs se trouvent donc ainsi évitées.

M. Corbière possède toujours sur lui un carnet où il inscrit les opérations financières au fur et à mesure de leur exécution et le tout est reporté sur le Journal-Caisse.

Ce livre est excessivement simple et pourrait à la rigueur suffire dans bien des cas, mais désirant avoir quelques renseignements moins succincts, nous avons adopté une espèce de Grand-Livre où chaque spécialité a un compte ouvert. Nous ne voulons nullement rechercher le bénéfice exact réalisé sur chaque opération, mais simplement nous renseigner sur les recettes ou les dépenses se rapportant à une spécialité.

A ces livres nous en avons ajouté d'autres secondaires, mais ayant cependant une importance assez considérable.

1. **Pour la culture.** — *a*. Le chef de culture donne toutes les semaines une feuille de paie et l'énumération des travaux principaux.

Cette feuille est reportée sur le Grand-Livre avec les semis et les engrais inscrits en face.

b. Chaque champ a une feuille spéciale.

CONTENANCE	ROTATION	SEMIS	ENGRAIS	RÉCOLTE	OBSERVATIONS

2. **Pour les bois.** — Le garde donne une feuille des coupes et travaux exécutés dans un mois.

3. **Pour l'écurie.** — *a*. Chaque jument a un casier spécial où sont déposés tous ses papiers.

b. Les correspondances avec les propriétaires de chevaux sont classées par ordre alphabétique, par année.

c. Le stud-groom tient à jour un carnet de saillie et de mise-bas.

d. Toutes les semaines, il fournit une feuille où il inscrit ce qu'il donne par jument et par jour, la quantité totale d'avoine et de son distribués et le nombre de bottes de foin dépensées chaque jour ; toutes ces feuilles sont classées par M. Corbière.

Enfin il existe un Grand-Livre spécial pour les chevaux, avec page pour chaque jument, disposée ainsi :

<table>
<tr><td colspan="3">NOM :
ORIGINE :
SIGNALEMENT :</td><td colspan="3">OBSERVATIONS
Record, argent gagné en courses, etc.</td></tr>
<tr><td>DATE
DE LA SAILLIE</td><td>NOM
DE L'ÉTALON</td><td>DATE
DE LA NAISSANCE
du poulain</td><td>NOM
DU POULAIN</td><td>SIGNALEMENT</td><td>OBSERVATIONS</td></tr>
<tr><td></td><td></td><td></td><td></td><td></td><td></td></tr>
</table>

4. **Pour la vacherie.** — *a*. Les vaches et les taureaux sont inscrits au herd-book.

b. Chaque vache a une feuille spéciale, comme les juments, avec laquelle il est aisé de suivre les produits.

Numéro du herd-book : Nom :				
NOM DU TAUREAU	DATE DE LA SAILLIE	DATE DE LA NAISSANCE	SEXE DU VEAU	OBSERVATIONS

c. Le vacher donne chaque semaine une feuille de consommation de fourrages, la quantité de lait gardé pour les veaux, et le lait porté à la laiterie.

d. Il tient à jour le carnet de saillie et de mise bas.

Les veaux sont tatoués dans l'oreille et sont inscrits sur le registre des « entrées et sorties de veaux ».

NUMÉRO DU VEAU	SIGNALEMENT	DATE DE LA NAISSANCE ou entrée	ORIGINE OU ANTÉCÉDENTS	DATE DE LA SORTIE et la cause	OBSERVATIONS

Vers deux ans et demi ou trois ans, au moment de la mise à l'herbe, ces veaux devenus bœufs sont marqués à la corne et pesés.

On les pèse de nouveau au moment de la vente.

On inscrit donc sur le registre des veaux, ou sur un registre spécial, ou simplement sur un carnet quelconque : le numéro du bœuf, son âge et son poids au commencement de l'engraissement, et son poids à la vente, avec l'époque bien entendu.

Le petit carnet est surtout très important, on le porte toujours sur soi lorsqu'on visite les bœufs, ceux-ci marqués à la corne sont faciles à reconnaître et on peut se rendre compte de la marche de l'engraissement et tirer des conclusions sur l'aptitude plus ou moins active de certaines variétés à prendre la graisse.

Avec ces livres, il est aisé de suivre le produit d'une vache depuis la naissance jusqu'au moment de la vente.

5. **Pour la bergerie.** — Il existe aussi le registre suivant :

Numéros des Brebis tatouées a l'oreille.		
NUMÉRO DU BÉLIER	PRODUITS	OBSERVATIONS

Pour obtenir une grande quantité de travail de la part des ouvriers, M. Corbière exige qu'ils inscrivent sur un carnet tout le travail fait pendant une semaine. L'ouvrier, poussé par l'amour propre, ne peut afficher ainsi sa paresse ou sa négligence.

L'homme de garde au moulin tient de plus un carnet où il inscrit les entrées et sorties de toutes les denrées entrant au moulin.

A la fin de chaque semaine, les vacher, stud-groom et berger, remettent à M. Corbière une feuille contenant la quantité de tourteaux, grains, ou farine nécessaire pour la semaine suivante.

M. Corbière transmet cette feuille à l'employé du moulin; celui-ci consacre le samedi à écraser la quantité de grains ou de tourteaux demandée.

Ainsi nous connaissons toujours à l'aide d'une simple soustraction ce qu'il reste au moulin. Connaissant de plus la quantité exportée et la destination (vacherie, écurie, bergerie) il est facile de savoir s'il n'y a pas eu de détournement en comparant le carnet de l'employé chargé de la préparation des aliments avec les feuilles des vacher, berger, etc.

Telle est, en résumé, la comptabilité adoptée sur le domaine de Nonant le-Pin. Elle nous semble préférable à toutes les autres, elle n'est certes pas parfaite, mais de toutes celles qui ont été employées auparavant, aucune ne lui fut supérieure pour l'exactitude et la simplicité.

En effet le travail qu'elle exige se réduit à peu de choses, tandis qu'au contraire M. Corbière était obligé avec la méthode en partie double de consacrer plusieurs heures par jour pour tenir ses livres au pair.

L'examen des différents livres étudiés précédemment nous montre en effet combien ils sont faciles à tenir, et les résultats ne donnent jamais lieu à des erreurs importantes.

Mais, direz-vous, le travail demandé aux vacher, berger, stud-groom en ce qui concerne les écritures est trop considérable pour des gens peu habitués à écrire. Ce travail ne se faisant qu'une fois par semaine est insignifiant, et d'autre part l'instruction se répandant de plus en plus, l'ouvrier est aujourd'hui assez instruit pour rendre compte par écrit de son travail et étant intéressé dans les bénéfices, il le fait avec beaucoup plus de persévérance et de jugement.

Après avoir dit que M. Corbière a pour principe *que l'agriculteur doit être aujourd'hui commerçant avant tout*, c'est-à-dire qu'il doit savoir vendre quand l'offre est avantageuse, on nous reprochera certainement l'absence de comptes culturaux nous permettant de connaître le prix de revient de l'animal, et de pouvoir d'autre part exprimer l'exact avantage, au point de vue pécuniaire, d'une spéculation actuelle sur une ancienne.

Au premier point un agriculteur praticien répondra qu'il n'est nullement nécessaire de tenir une comptabilité compliquée pour savoir quand le prix offert pour un animal est avantageux. La valeur de certains animaux et le prix des denrées sont toujours donnés par les cours commerciaux des différents marchés, et servent évidemment de comparaison au moment de la vente.

Mais, pourrait-on dire, rien ne prouve par là s'il serait avantageux de conserver plus longtemps l'animal et de faire ainsi un plus grand bénéfice. Nous tombons maintenant dans le domaine spéculatif et pas plus la comptabilité en partie double qu'aucune autre ne pourra donner ce que les notions pratiques, le jugement et la connaissance de son pays sont seuls capables de fournir.

Pour le second point, nous dirons simplement que les comptes culturaux ne sont nullement applicables au domaine de Nonant-le-Pin, parce que la difficulté de leur exécution est encore plus grande que partout ailleurs, car les bases d'évaluations sont encore moins nombreuses et plus variables, et la facilité de faire perdre ou gagner tel ou tel compte à volonté est encore plus prononcée.

On nous fera certainement observer que la manière de tenir notre grand-livre se rapproche de la méthode des comptes culturaux. Opérant au point de vue économique des substitutions dans l'alimentation, il était d'obligation d'établir certains comptes, mais les denrées étant évaluées au prix commercial pour les causes énoncées au commencement du chapitre de l'alimentation, ces comptes n'entrent pas dans la comptabilité proprement dite, mais sont exclusivement comparatifs.

Et à la rigueur, si notre comptabilité ne nous permet pas d'exprimer journellement le gain de tel ou tel compte, il est aisé de le rechercher simplement une fois mais très exactement au commencement de la nouvelle spéculation.

Ainsi, par exemple, nous avons dit en parlant de la spéculation bovine, que nous ne pouvons connaître l'exact avantage de notre élevage de veaux sur l'engraissement des bœufs.

Eh bien ! réunissons d'une part les feuilles du vacher pour savoir la quantité de lait, foin, betteraves, etc., consommée par le veau depuis la naissance ou l'entrée jusqu'à l'âge d'un an.

D'autre part, les feuilles des hommes chargés de l'alimentation des bêtes depuis l'âge d'un an jusqu'à 3 ans.

Donnons à ces denrées, comme il a été dit antérieurement, une valeur commerciale, ajoutons à cela l'intérêt et l'amortissement du capital engagé et la part des frais généraux incombant à chaque animal : nous aurons ainsi son prix de revient approximatif, et il sera facile d'en tirer des comparaisons suivant la valeur des nourritures et des animaux à d'autres époques.

Prenons un veau par exemple destiné à devenir un bœuf d'engraissement, (nous laissons les génisses et les taureaux à part, car nous avons dit maintes et maintes fois que les reproducteurs à moins d'excessives dépenses laissent toujours de beaux bénéfices).

Ce veau consommera donc jusqu'à l'âge de 4 mois : lait pur, lait écrémé, thé de foin (800 litres environ), foin et farine, etc, ou une dépense de	80 fr.
A cette époque il va au pâturage si c'est pendant la belle saison, il reçoit cependant un peu de farine ou tourteaux en plus, ou une dépense de	30
De 1 an à 3 ans : 2 nourritures d'été (au pâturage).	100
2 nourritures d'hiver (à 0 fr. 40 par jour, dépense établie au chapitre de l'alimentation et pendant 2 fois 150 jours) . . .	120
Frais généraux divers.	100
Total.	450 fr.

A cet âge ils sont destinés à l'engraissement, et si nous voulions les vendre aux herbagers de notre pays, ils réaliseraient une moyenne de 480 à 500 francs.

Ces calculs non rigoureusement exacts, mais se rapprochant très approximativement de la réalité, montrent bien l'avantage de notre nouvelle pratique.

La nécessité de ce compte établie une fois par M. Corbière, ne s'impose pas couramment, d'autant plus que les calculs établis au moment des substitutions peuvent amplement suffire.

Cet aperçu un peu sommaire de notre comptabilité montre que nous ne voulons pas établir des évaluations donnant des bénéfices sur le papier, mais toucher réellement de l'argent, et ne pas faire intervenir, comme les partisans des comptes culturaux, des bénéfices par le fumier, l'enrichissement des terres, etc.

C'est ainsi que notre bétail recevant du tourteau à l'herbage en supporte toute la dépense. On sait que la moitié de cet aliment retourne à la terre sous forme d'engrais ; dans un compte cultural, on en tient évidemment compte en déduction du prix de revient de l'animal. On se trouve ainsi réaliser un bénéfice plus considérable qu'il n'est en réalité. Nous ne sommes pas partisan de cette méthode : on améliore les herbages, c'est certain, mais est-ce que nous n'en retirons pas les avantages au bout de quelques années par une plus grande production d'herbe et de meilleure qualité permettant d'élever ou d'engraisser notre bétail plus rapidement ?

CONCLUSION

Nous ne voudrions pas être traité d'adversaire acharné de la comptabilité en partie double.

Nous trouvons cette méthode excellente, mais en agriculture son application est extrêmement difficile et, oserions-nous dire, presque impossible en certains cas.

Nous n'avons pas voulu corriger ce qui a été fait jusqu'à ce jour dans certaines thèses antérieures. Mais l'expérience personnelle de M. Corbière qui a suivi ces différentes méthodes pendant plusieurs années, et celle de plusieurs autres agriculteurs praticiens nous ont dicté les quelques critiques que nous nous sommes permis de faire à ce sujet.

Nous avons remarqué dans l'étude du domaine de Nonant-le-Pin que les spéculations répondent bien aux nécessités actuelles, et la culture, d'après les conditions où se trouve situé ce domaine, semble s'y poursuivre d'une manière intelligente et raisonnée.

L'etat de prospérité dans lequel règne cette exploitation nous montre en effet que les résultats économiques sont satisfaisants et qu'ils le seront encore plus quand il nous sera permis d'opérer les quelques changements que nous nous proposons d'établir.

Abbeville. — Imprimerie F. Paillart.